U0186235

老鼠博物学

朱耀沂 著
黄一峰 绘

商务印书馆
创于1897 The Commercial Press
2020年 · 北京

目 录

推荐序：如“鼠”家珍

很多人不解，为何中国人把老鼠列为十二生肖之首？有一种说法：十二生肖是按照动物活动的时间排列顺序的，老鼠主要在子时，也就是两日交替的午夜十二点钟前后活动，所以被定为首位。也有民间故事称动物们在竞争首位时，老鼠用狡猾的伎俩骗得了首位。其实，不论十二生肖排序的由来为何，属于啮齿目动物的老鼠的确是种类最多、分布最广、数量最可观的哺乳动物，其生存适应能力也超越其他许多哺乳动物。因此，老鼠作为十二生肖之首，实在当之无愧。

老鼠是人类最熟悉的动物之一。多数人厌恶老鼠，因为它们生活在阴暗的角落，给人肮脏的印象；它们传染疾病，有碍卫生；它们嗜啃咬，破坏器物及管线，甚至引发火灾；更糟的是它们繁殖力强、扑杀不尽，令人头痛。但是也有人欣赏老鼠灵活、机警的一面，一些卡通漫画、童话故事，把老鼠描绘得十分讨喜，各种可爱的宠物鼠更是受到玩家的喜爱，拥有广大的市场。此外，还有许多科学家利用老鼠做实验，实验动物不能出差错，因此这批老鼠就被奉为上宾，不但吃香的喝辣的，还有专人悉心照顾。这么看来，不同的人对老鼠的观感有很大的差异，老鼠在不同的人那里受到的待遇也不一样，绝非“过街老鼠人人喊打”。

然而，大概很少有人真正仔细地研究过老鼠，也少有人思考过为什么这些看起来脆弱、不堪一击，常被人类在实验室中用各种方式摆布的小动物，居然可以在地球上如此兴盛。人类绞尽脑汁、费尽功夫，都无法控制它们在自然界的数量，遑论永久地扑灭它们。除了繁殖能

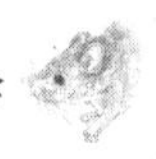

力强之外，还有哪些适应生存的条件与策略，能让老鼠如此成功地占据地球呢？

朱耀沂教授是台湾极少数能把复杂的生物学，用深入浅出、生动活泼的方式介绍给读者的学者、作家。他是知名的昆虫学家，所以谈起昆虫如数家珍，不过，笔触所及，总不免带出许多昆虫学以外的生物学知识，从分子、细胞、形态、生理，一直到生态、演化，甚至文化习俗等各方面的信息，不一而足，反映出朱教授学识渊博、涉猎广泛。现在朱教授又挑战了一个看似不可能的任务：介绍庞杂的啮齿类动物。但见朱教授巧妙地择取与人类关系最为密切的少数种类，蜻蜓点水、大笔一挥，就轻松勾勒出啮齿类适应生存的主要特色，以及与人类的各种关系，让读者能够一窥啮齿动物的全貌，实在令人打心底佩服！

朱教授撰写本书之际，全世界哺乳动物的分类正在进行另一次大修订，最新的版本中，啮齿动物的种数又增加了两百余种。撇开分类的问题不谈，朱教授这本书给我们带来无限的兴味，让普通大众进入老鼠的生活，了解地球上这群成功的生物。我非常高兴看到朱教授开启了这扇大门，也盼望他（或其他作者）继续出版更多类似的作品，带领读者登堂入室，深入探索啮齿动物复杂、奥妙的世界。

台湾大学生态学与演化生物学研究所 李玲玲

作者序

在大多数人的心目中，老鼠、蛇和蟑螂经常并列为三大最可怕、最讨厌的动物。老鼠之所以如此惹人厌，原因不外乎它们与我们日常生活的接触过于密切，而且带来的影响负面多于正面。若要简单地勾勒本书的主角老鼠，它们不过是夹着一条没什么毛的尾巴，晚上偷偷跑出来啃食各种东西，一有动静马上躲起来的小家伙，想要细数它们的恶行恶状，那真是罄竹难书，传播疾病只是其主要罪行。

虽然依分类观点之不同，老鼠的种类数目大不相同，但大致来说，老鼠有几千种，约占哺乳动物总数的三分之一，堪称大家族。单从老鼠的身体构造、行为举止，就可以窥见哺乳动物世界的一隅。

当然并非一千多种老鼠都对我们的生活造成负面的影响（从事农林业的人例外），经常威胁我们生活安宁的老鼠不过是其中三四种，为了预防或阻止鼠害成灾，从事卫生、环保相关工作的人无不绞尽脑汁研究对策，但成效如何，至今仍难以下定论。

不管是想在人鼠大战中打一场胜仗，或者想进一步了解哺乳动物的世界，认识老鼠都是一件很有意义的事。

朱耀沂

第一部分

认识老鼠家族

老鼠家族的崛起

老鼠属于脊索动物门、哺乳纲、啮齿目。由于分类学家观点的分歧，哺乳纲可分为17至20目，4300至5400种，啮齿目共有1793至2277种，我们较为熟悉的老鼠、松鼠、豪猪、旅鼠、河狸（beaver，海狸）、鼯鼠、旱獭（土拨鼠）都属于啮齿目。[1]其中最小的是巢鼠属（*Micromys*）及侏鼠属（*Baiomys*），体重只有五六克，最大的是南美产的水豚（*Hydrochoeris hydrochaeris*），体重超过50千克，达前两者5万倍之多。

由于分类方法仍在不断修改，关于啮齿目的分类就有好几种版本，有的仅分为松鼠亚目和豪猪亚目，有的分为松鼠、豪猪和鼠形三个亚目，有的再加上啮齿亚目，分成四个亚目，复杂者可多达十几个目。本书采用分类学者威尔逊（Don E. Wilson）和瑞迪尔（DeeAnn M. Reeder）在《世界哺乳类种类》（*Mammal Species of the World：A Taxonomic and Geographic Reference*，1993）第二版的分类方法，分成松鼠亚目和豪猪亚目[2]。至于中文译名，主要依据赖景阳编的《世界哺乳动物名典》（台湾省立博物馆，1986）。[3]

本书介绍的老鼠以松鼠亚目的鼠科（Muridae）为主。鼠科包括1300多种，是哺乳类动物中种类数目最多的一科，占整个啮齿目的60%左右。较为人知的黑家鼠（*Rattus rattus*）、褐家鼠（*Rattus*

1 据最新统计，哺乳纲共有6276种，啮齿目共有2475种。——本书脚注无特殊说明，均为审校者注。
2 也有科学家根据咬肌的类型，将啮齿动物分成松鼠形、鼠形和豪猪形三个类群。
3 中文简体版中采用大陆学者通用的名称。

啮齿目中最大的水豚
与最小的巢鼠

水豚（左）与巢鼠（右）头盖骨侧面图

norvegicus）和小家鼠（*Mus musculus*），都属于鼠科。老鼠种类高达1300多种，这个事实反映出老鼠对环境的适应力很强，能在各种环境下生存。它们除了靠自己的本事分散、迁移外，也靠人类“帮助”它们迁移，将分布范围扩大到世界上大部分陆地。目前除了南极内陆、北极地区及大洋洲的一些岛屿不见啮齿目动物外，老鼠的足迹遍及世界各个角落。事实上，对不会飞翔的啮齿目动物来说，海洋是一大障碍，让它们无法凭借自身力量扩大分布范围。

除了不会飞翔，老鼠可说是身手不凡的运动高手。但从两亿多年前中生代三叠纪的老鼠祖先化石骨骼来推断，老鼠原先只适合在平地步行，后来才逐渐发展出攀树、游泳、凿掘等活动能力。谈到在树上活动的高手，非黑家鼠莫属。黑家鼠除了因为体毛较黑，又叫黑鼠、熊鼠外，另有屋顶鼠的别名。从这个别名就知道，它是攀高的能手。至于长毛鼠（*Diplothrix* spp.）类，也因为具有发达的脚爪和长尾巴，而擅长在树枝间移动。

啮齿目中的游泳高手是河狸，它主要分布在欧亚大陆、北美洲，利用木材、石砾等在河边建造大型窝穴，常阻碍水流，造成水灾。它之所以能在水中活动自如，主要是靠后脚趾间的蹼、扁平且被覆鳞片的尾巴，以及眼睛周围防止沙子飞入眼睛的瞬膜。至于适应干旱地域的老鼠，则有叙利亚仓鼠（*Mesocricetus auratus*）、小沙鼠属（*Gerbillus* spp.）和非洲跳鼠（*Jaculus* spp.，又名沙漠跳鼠）等，它们以减少对水的需求的方式来应对缺水的危机。

挖洞是鼠类擅长的技能之一，褐家鼠、小家鼠在变成家栖性老鼠以前，就是在草原上挖土筑巢生活的。另外，多种广泛分布的田鼠（*Microtus* spp.）、姬鼠（*Apodemus* spp.）、鼢鼠（*Myospalax* spp.）、盲鼠（*Spalax* spp.），以及生活在中国南部及中南半岛的竹鼠（*Rhizomys* spp.）

【啮齿目分类一览表】

啮齿目 Rodentia	2475种
松鼠亚目　Suborder Sciurognathi	
山河狸科　Family Aplodontidae	
松鼠科　Family Sciuridae	
河狸科　Family Castoridae	
囊鼠科　Family Geomyidae	
小囊鼠科（林棘鼠科）Family Heteromyidae	
跳鼠科　Family Dipodidae	
鼠科　Family Muridae	
鳞尾松鼠科　Family Anomaluridae	
跳兔科　Family Pedetidae	
栉趾鼠科（梳齿鼠科）Family Ctenodactylidae	
睡鼠科　Family Myoxidae (Giliridae)	
豪猪亚目　Suborder Hystricognathi	
滨鼠科（非洲隐鼠科）Family Bathyergidae	
豪猪科　Family Hystricidae	
岩鼠科　Family Petromuridae	
蔗鼠科　Family Thryonomyidae	
美洲豪猪科　Family Erethizontidae	
毛丝鼠科　Family Chinchillidae	
长尾豚鼠科（绒鼠科）Family Dinomyidae	
豚鼠科　Family Caviidae	
水豚科　Family Hydrochaeridae	
刺豚鼠科（蹄鼠科）Family Dasyproctidae	
兔豚鼠科　Family Agoutidae	
栉鼠科　Family Ctenomyidae	
八齿鼠科（坚毛鼠科）Family Octodontidae	
鼯鼠科　Family Abrocomidae	
棘鼠科　Family Echimyidae	
硬毛鼠科（中南美巨鼠科）Family Capromyidae	
海地岛鼠科（七牙鼠科）Family Heptaxodontidae	
河狸鼠科（美洲巨水鼠科、鼬鼱科）Family Myocastoridae	

注一：本表依照Wilson and Reeder(1993)，*Mammal Species of the World: A Taxonomic and Geographic Reference*，2nd edition之分类。

注二：括号中为原书采用的台湾译名，主要依据赖景阳所编《世界哺乳动物名典》，台湾省立博物馆，1986。

等，也都是挖土高手，善于利用发达的门齿挖土，技术之高超令人叹为观止。把它们放在平地上，往往不到五分钟，它们就可以把整个身体安全地埋藏在土中。

老鼠的上、下颌各有一对门齿，那是一生中持续生长的无根齿，功能相当于我们人类的手掌，可以抓握东西。它的臼齿像高性能的磨碎机；若有小臼齿，则上颌有两对、下颌有一对，大臼齿则是上、下颌各有三对，共有22枚牙齿，数目绝对不会超过22，这也是啮齿目的共同特征之一。不过臼齿和上下颌的构造，以及上下颌肌肉活动的方式，因老鼠种类而异。靠着尖利的牙齿，老鼠发展出各式各样的生活方式，从北极的冻原雪地到热带的沙漠，从树上到地下，甚至南极调查站附近，都有它们的足迹；它们无孔不入地在陆地上立足。老鼠的另一大利器是我们常以“鼠算”来形容的旺盛的繁殖力，关于这些特征将另辟章节介绍。

褐家鼠（*Rattus norvegicus*）

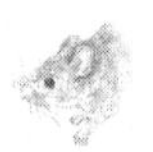

假冒及被假冒的老鼠

啮齿目由松鼠亚目（Sciurognathi）和豪猪亚目（Hystricognathi）组成，共有约2000种成员。啮齿目动物最主要的行为特征就是会啮咬多种物品，啮齿目的学名Rodentia，即来自它们的啮咬行为。中文“鼠”字上半部的“臼”，代表老鼠粗大、如磨碎机般的臼齿，下面左边至中央的几画表示它的四只脚与触须，右边向上翘起的一画代表它的尾巴。简单几笔，恰到好处地反映了老鼠的形态与习性。中文名字后面附有“鼠”字的动物，大多隶属这个大家族。有意思的是，在西方的一些语言里，“鼠”也是暗藏玄机。老鼠的英文、法文rat，德文Ratte，都源自拉丁语里形容老鼠啮咬的*radare*，看来人们很早就注意到老鼠有到处啮咬东西的习性。

兔豚鼠（*Cuniculus paca*），亦称斑犬伽

山河狸（*Aplodontia rufa*）

但啮齿目中仍有未附“鼠”字的成员，例如松鼠亚目的河狸类或山河狸类，它们比其他松鼠亚目的成员粗胖，略似狸、獾。在松鼠亚目中还有一群名为跳兔的，它们因为耳朵大、后脚特别发达，且善于跳跃而得名。

在豪猪亚目中，不少成员由于矮胖如猪，中文名字并未附上“鼠”字，例如豪猪[1]。分布在南美亚马孙河流域，体长达1米、体重60至80千克的水豚（*Hydrochaeeris hydrochaeris*），是最大的啮齿目动物。

大部分啮齿目动物都比较小，鼻子尖，脚短，不过这些并不是啮齿目才有的特征，分布于澳洲、属于有袋目的袋鼠也有类似的外形。此外，比啮齿目更原始的食虫目中，也有一些冠上鼠名的冒牌货，例如尖鼠、香鼠（shrew）[2]、鼹鼠（moles）等，也很容易被误认为啮齿目。其实食虫目与啮齿目动物虽然体型类似，但两者并没有很近的亲缘关系。

1 此处还提到了兔豚鼠和刺豚鼠，台湾学者称兔豚鼠为“䴥（bà）㹢（jiā）”。
2 即鼩鼱。

例如，俗称钱鼠、臭鼠，甚至也被称为香鼠的家臭鼩（*Suncus murinus*），虽然中文俗名中有个“鼠”字，外形乍看也像老鼠，但它不是老鼠，也不属于啮齿目，而是食虫目[1]的成员。仔细观察，会发现它的嘴吻明显比老鼠尖，耳朵较小，体毛呈绒毛状。它的体侧有一对腺孔，会分泌特殊的气味，臭鼠、香鼠、臭鼩的名字就是这样来的。至于钱鼠的名称，则是因为它的叫声像钱币掉在地上的声音，它常一边走一边叫，因此过去在民间有“钱鼠出现是好兆头，会带来财富”的说法。钱鼠是纯肉食性动物，由于体长最多10厘米，无法捕食体形比它大的褐家鼠和黑家鼠的成鼠，但它常捕食褐家鼠、黑家鼠的幼鼠。目前都市化的环境已不适合它生活，不过在乡村，尤其林床（地被物层）仍可看到它走动。

食虫目中，体长4.5至5厘米、尾长3厘米、体重不到2克的姬鼩鼱（*Sorex minutissimus*），是最小的哺乳类动物；能与它的娇小相媲美的，只有同属于食虫目的小臭鼩（*Suncus etruscus*），以及属于翼手目

家臭鼩（*Suncus murinus*）

1 现在称为劳亚食虫目，或真盲缺目。

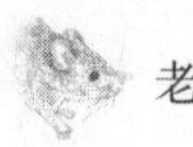

的一种花蝠属（*Phyllonycteris* sp.），前者体重2.5克、体长3.5至4厘米、尾长3厘米，后者体长3厘米、体重2克。姬鼩鼱生活在寒带至亚寒带地域，为了保持体温，它每天的取食量是体重的2倍，即4克。由于食物从口中进入消化道到排出体外，仅需3个小时，而一次所取食的食物只能维持一两个小时的体力，因此它只能稍稍休息便再取食；当牙齿被磨平、不能取食时，就是它寿命结束之时。有意思的是，姬鼩鼱虽然几乎24小时不停地取食，但它依然保持细瘦苗条的身材。

谈到小型的哺乳类动物，不能不提分布在非洲的象鼩属（*Elephantulus* spp.）[1]，它因具有象鼻般的突出口吻而得名。由于形态特殊，有些分类专家为它另设象鼩目（Macroscelidea），此目是仅包括象鼩（Macroscelididea）1科20种的小家族。大多数食虫目动物的眼睛很小，或如鼹鼠者已退化，但象鼩却有圆圆的大眼睛，除了5种为体重400至500克、比褐家鼠略大的大型种，其他15种体重为10至20克。和所谓的小老鼠——小家鼠——类似，它们在地上活动，具有细长的四肢，乍看像是有蹄类动物的缩小版，以蚂蚁、白蚁为主食，常常清扫自己的活动范围，但清扫并非因为它们特别爱干净，而是为了维持逃生之路畅通无阻。

附带一提，有些专家认为，将象鼩类从食虫目中分出来的更重要理由是，它们具有盲肠。一般而言，哺乳类动物的内脏发达程度大致相同，只有盲肠例外。例如，人类的盲肠已经退化到6至7厘米长，且几乎失去本来的功能；食肉目（Carnivora）裂脚亚目（Fissipedia）则分为具有盲肠的獴总科（Herpestoidae）、犬猫总科（Cynofeloidea），与未具盲肠的熊总科（Arctoidea）。

1 也称跳鼩。

此外，四眼负鼠（*Metachirus* spp.）、倭狐猴（*Microcebus* spp.）、鼠耳蝠（*Myotis* spp.）、鼠海豚（*Phocaena* spp.）等，由于身体小，体色带灰色或鼻子较尖，有些特征类似老鼠而被冠上“鼠”字，其实与老鼠没什么亲缘关系。

老鼠“大体检”

对老鼠身体的审视，可以分成对从嘴尖至尾端的身体各部位的外部形态的检查，以及对身体内部各种器官的构造功能的检查。不过由于篇幅所限，本书将只针对老鼠的外部特征作重点式的检视及介绍。

◆牙齿

仔细观察老鼠的嘴巴即知，它共有四枚较大的前牙，上下各一对，即门齿。拥有这种发达的门齿是鼠类的共同特征，啮齿目的名称也是这样来的。兔子有别于老鼠，上颌有四枚门齿，因此分类学家特别把兔子从“啮齿目”抽出来，另设“兔形目”（Lagomorphs）。

老鼠的门齿不仅长而尖锐，还略向口腔内弯曲，从侧面看，它的末端内侧呈锐角，状似木匠所用的凿刀；若用力用门齿咬，必定会咬出一个深洞来。此外，门齿外侧还有一层比铜、铁还硬的牙釉质。仔细观察老鼠的门齿，表面有一层光亮的薄膜，那就是牙釉质，它的硬度指数为5.5，高于铁和铜的硬度指数（分别为4和3）。所以，如果老鼠有意，是可以咬破铁管的，至于硬度指数不到2的铝板、铅管，老鼠不到一个星期就可以咬出洞来。

老鼠的门齿是一生持续生长的无根齿，从理论上来计算，一只褐家鼠不咬食坚硬的东西，没有机会磨损门齿的话，门齿一年可以长到一米长。因此，饲养褐家鼠时，若不提供坚硬的物质让它磨牙，它上颌的门齿就会一直生长，最后卡在饲养箱的铁丝网上，“吊牙”而死。至于下颌的门齿，若过度生长，会刺穿上颌甚至头部，最终还是难逃一死。

值得一提的是，坚硬的牙釉质里面是质地较软的牙本质，这跟我们的门齿一样，不过我们的牙齿整个表面都由牙釉质包住，老鼠的门齿则只有前、后两面被牙釉质包住。通常它只用门齿后侧咬食，因此后侧牙釉质的磨损度较大，造成门齿前端如凿刀般尖锐。

虽然门齿过度生长会让老鼠丧命，但门齿是老鼠生活中不可或缺的利器，这是毋庸置疑的。为了充分利用门齿，老鼠上、下颌的肌肉都很发达，能使上下颌往上、下、左、右运动。在啮咬硬物时，它会先用上颌的门齿扣住硬物，固定门齿的位置，再以全身的力量往后拉，如此反复好几次，即使是混凝土的墙壁也会被它开出洞来。数据显示，老鼠经过7天锲而不舍的啮咬，可在厚约2厘米的铝板上开出洞来。至于表面光滑的金属板，老鼠也有破解之道。由于找不到扣住上颌门齿的有利位置，老鼠改用下颌门齿向左右移动，先在金属板上凿出横走浅沟，在此扣住上颌门齿，再着手开洞。因此对老鼠来说，天下无难事，几乎没有开不了洞的硬物。

老鼠没有犬齿，多数鼠种也没有前臼齿，但在上、下颌左右两侧各有3枚臼齿，即共有12枚臼齿。换句话说，老鼠的牙齿只由门齿与臼齿组成。由于臼齿的功能是碾磨食物，其磨面的构造依老鼠种类而异，因此它也成为老鼠分类及种类鉴定上的重要依据。例如，黑家鼠与褐家鼠亲缘关系虽近，但黑家鼠第一臼齿最前方的外侧结节与中央结节之间有明显的狭隘部，褐家鼠则没有狭隘部。至于不同属的老鼠，其臼齿表面构造的差异更是明显。因此，专家只根据一颗臼齿，就可以鉴定老鼠的种类。像猫头鹰、老鹰等猛禽类捕食老鼠后，会把骨头、牙齿等不能消化的部分以“唾余”（pellet，台湾地区称为食茧）的形态吐出来，若在唾余中发现一颗臼齿，就能判断老鹰捕食哪一种老鼠。

老鼠的臼齿分为无根齿及有根齿两种。田鼠的臼齿就是典型的无

老鼠门齿（左）与人牙（右）之比较

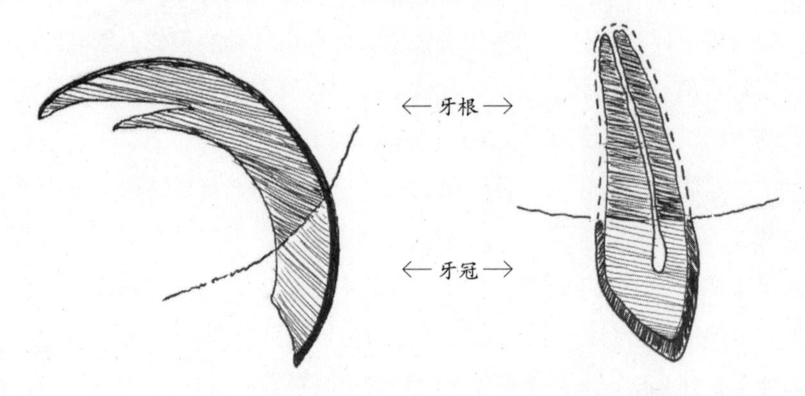

人牙的牙釉质（黑色部分）被覆整个牙本质（牙冠斜线部分）。
老鼠的牙釉质（斜线部分）只被覆牙本质的前面部分。

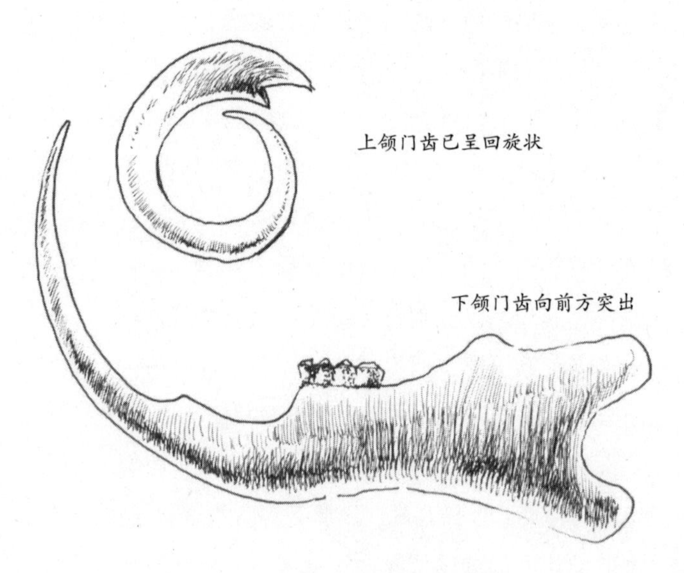

过度伸长、无法咬紧的黑家鼠门齿

根齿，也就是所谓的长齿型，它虽然会因为啮咬坚硬的食物而磨损，但仍会不断生长，以维持该有的长度，适于取食草茎、木质部等坚硬的食物。反之，到了特定生长期就长根而停止发育的，叫短齿型。具有短齿型臼齿的老鼠多以果实、肉类等质地柔软的食物维生。

◆ 头骨的宽度

拿一个哺乳类动物的骨骼标本来，详细观察它的头部，即知此部分是由多枚骨片构成的，构造相当复杂。与臼齿一样，骨骼的构造也常成为哺乳类动物分类的依据。比对附图中3种常见家鼠的头骨构造，即可了解头骨在老鼠的分类及种类鉴定上扮演重要的角色。

在此不谈复杂的头骨构造，要探讨的是偶尔在我们居家或工作场所出入的老鼠是怎么入侵的。其实若不仔细搜寻，很难发现它们那小小的入侵口。

若是有机会，不妨做做下面的实验。将一只较大的老鼠关在以厚纸板隔成两区的大箱子里，老鼠会试图咬破厚纸板。第二天量一下咬出的洞的直径，就可知道老鼠头骨的宽度，即左右耳朵的间隔距离。以专业术语来说，洞的直径就是颧骨的宽度。

测定一只褐家鼠或黑家鼠的头骨宽度后，在一张大木板上开个直径与头骨宽度相同的洞，然后将木板放在老鼠饲养箱里作隔间，并且刻意惊动老鼠。此时老鼠会穿过木板上的洞，逃到另一区。用摄影机录下这个场景，以慢动作播放，可以清楚地看见它迅速将头部伸进洞里，然后缩紧肩膀让胸部穿过，接着再用后肢与尾巴拉长腹部，让腹部穿过，整个穿越过程就大功告成。

显然地，为了让身体穿过直径相当于头骨宽度的小洞，老鼠不得不使出浑身解数，不仅把胸部变窄，也将身体拉长。尤其体长不到10

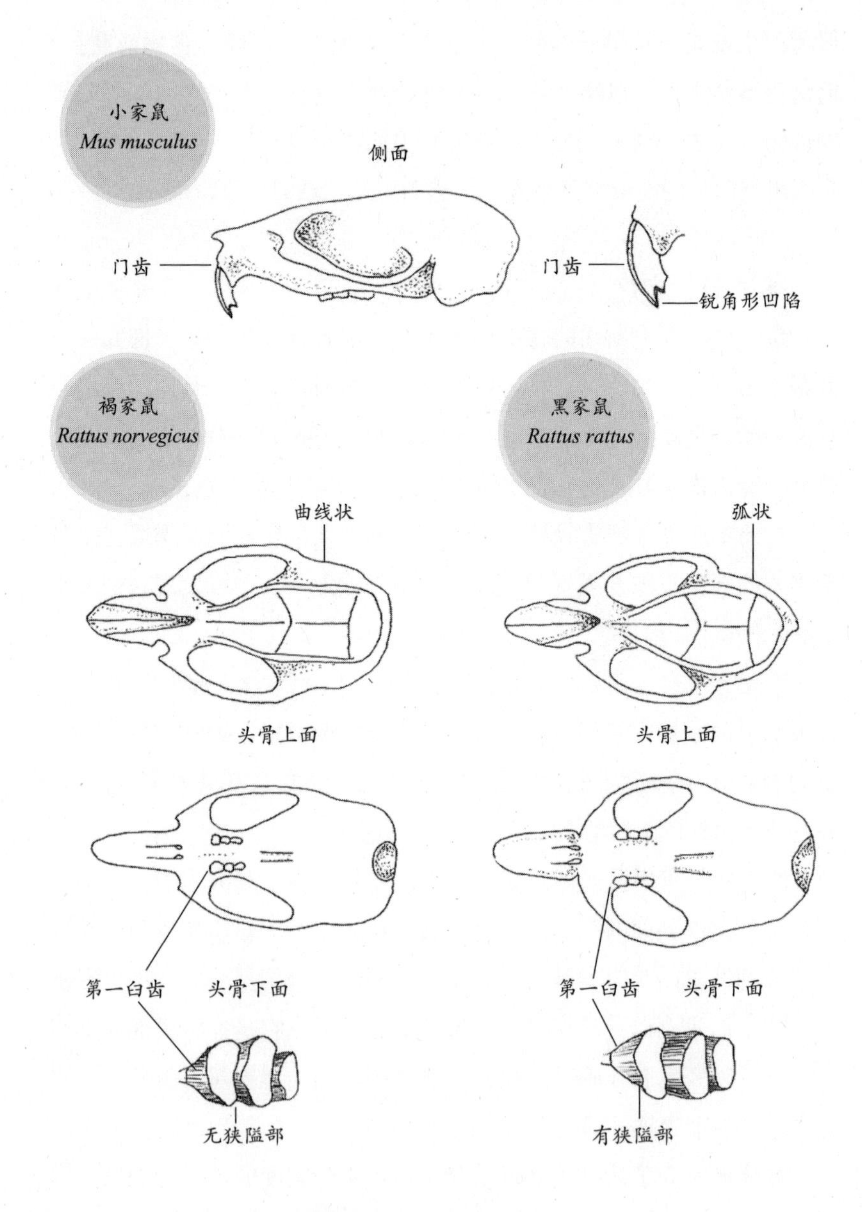

三种常见家鼠的头骨构造和齿列

厘米的小家鼠，还可以在天然气管、自来水管与墙壁之间仅一两厘米的狭小空隙进出自如。

◆ 耳朵

耳朵是老鼠行动时依赖甚深的利器。就褐家鼠与黑家鼠的耳朵来看，黑家鼠的耳朵较大、较长，耸立于头部侧面，向前方倒伏时会盖住眼睛；褐家鼠的耳朵则短而略呈圆弧状，向前方倒伏时耳朵边缘不及眼睛的部位。这种差异也成为区别这两种老鼠的依据之一。

不仅如此，老鼠耳朵的差异也充分体现在它们对声音的反应上。把褐家鼠与黑家鼠放在不同的饲养箱里，并排在一起，褐家鼠听到"吱"的声音时，会摆出表示警戒的姿势，但并未有进一步的动作，而黑家鼠每次听到吱声就会跳一下，做出攻击的态势。对声音的这些不同反应，显示它们在听觉敏感度上有明显的差异。

一般来说，耳朵愈大者，听觉愈发达。而田鼠、旅鼠等耳朵埋在体毛中未外露的老鼠，对声音的反应则比较迟钝。至于已成实验用动物品系的褐家鼠或小家鼠，它们的听觉相比野生品系都退化了。

谈到老鼠的听觉，令人想起吹笛人（Pied Piper）的故事。相传13世纪德国小镇汉默林（Hamelin）曾发生一百多个小孩神秘失踪的离奇事件。1843年，英国著名诗人布朗宁（Robert Browning，1812—1889）以此为题材，写下吹笛人的诗作，让这则渐为人所遗忘的故事，重新受到瞩目。德国作家格林兄弟在编写《格林童话》时，也将这则故事加以改编收录。假定真有捕鼠人，那么被笛声引诱跳河而淹死的是哪一种老鼠呢？根据史料记载，当时黑家鼠已广泛分布于欧洲，来自中亚地区的褐家鼠则迟至1747年才出现于德国，因此故事中的老鼠应该是黑家鼠。再者，如前所述，黑家鼠具有敏锐的听觉，黑家鼠若是真觉得笛声悦耳动听，是有可能跟着吹笛人跑到河边的。而褐家鼠虽然听觉不如黑家鼠，但它听到一点不寻常的声音时，还是会提高警觉，甚至跑回老鼠洞。

【动物可感觉音域一览表】

动物种类	可感觉的音域（Hz）
人类	16～20,000
狗	67～40,000
猫	100～64,000
牛	100～30,000
鸡	125～2000
猫和鹰	200～12,000
老鼠	200～90,000
蝙蝠	1000～100,000

老鼠的听觉算是相当敏锐，但跟别的动物比（见附表），有什么特别之处呢？

已知老鼠对次声波（20 Hz以下）的感觉能力较差，但它们可以听到人耳听不到的超声波（20,000 Hz以上），例如医疗上常用的各种超声波仪器发出的声音，我们听不到，老鼠却听得一清二楚；当有人轻轻摩擦拇指和食指时，你听不到，老鼠却能感受到一阵沙沙声。事实上老鼠能感觉到的超声波高达90,000 Hz！这对老鼠防身保命有很大的帮助，它一听到黄鼠狼偷偷靠近的脚步声或猫头鹰的拍翅声，便吓得躲到安全的地方。

科学家曾利用老鼠的这种习性开发出一些会发出超声波的驱鼠装置。观察发现，老鼠不敢进入声波达 20,000 Hz的房间，听到这种频率声波的老鼠会发抖或搔耳朵。其中，又以黑家鼠对这种超声波的反应最为明显。此外，把一只小家鼠关在密闭的玻璃箱里，在此播放10,000 Hz的声波，大约五六秒后，小家鼠就会晕倒；但若停止播放，一分钟后它又会醒过来。

由于声波的传播是直线性的，当声源与老鼠之间有障碍物时，声波的驱鼠效果会大幅降低，因此在家具占去不少空间的房间或堆满货物的仓库中，以超声波驱鼠效果相当有限。有人提议利用超声波让老

鼠躲到声波未达的货物后面，然后在此放些毒饵，以提高老鼠对毒饵的取食率。其实老鼠本来就有躲藏在隐蔽处的习性，超声波的设置似乎多此一举。

仔细观察不难发现，老鼠对常听到的声音有一定的适应能力。尤其家栖性老鼠的适应性及学习能力都很强，当人们在客厅看电视或聊天时，它常在熄灯的厨房里觅食，听到电视或谈话以外的声音，才火速逃离现场。在仓库活动的老鼠，对开门声、人的脚步声相当敏感，但却已习惯卡车引擎、卸货及载货机具所发出的声音。因此，在利用声波防治老鼠时，必须考虑到老鼠对声音的适应及学习能力。

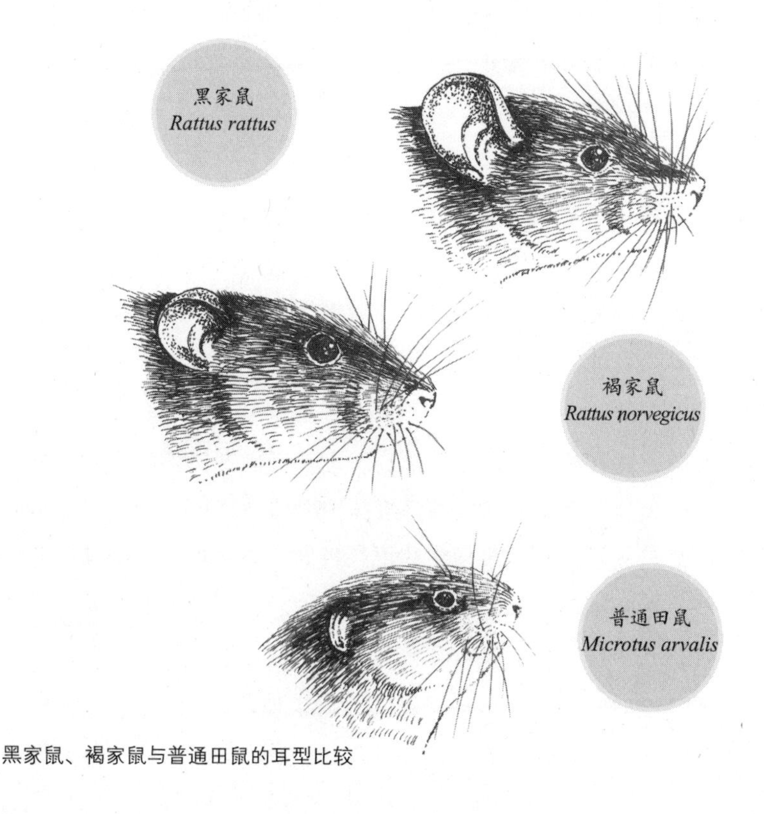

黑家鼠、褐家鼠与普通田鼠的耳型比较

◆眼睛

根据专家的研究，老鼠是近视眼兼色盲。从老鼠的眼睛构造分析，距离一米远的物体，老鼠只能看得很模糊。详细观察黑家鼠、褐家鼠的眼睛，会发现它们略为膨胀，就像近视眼摘掉眼镜后的样子。

鸟类、哺乳类动物之所以有夜行性和昼行性的分别，跟它们的眼睛构造有很大关系。它们眼睛中负责感光的部分，即视网膜，是由视锥细胞与视杆细胞组成的。视锥细胞具有在亮处感受各种颜色的功能，视杆细胞则能在暗处辨别光线的强度。换句话说，在亮的地方，视锥细胞可以发挥功能，在暗的地方，无法辨别颜色的视杆细胞能发挥作用。猫、猫头鹰等夜行性动物的视网膜主要由视杆细胞所构成，因此它们能在晚上看见东西，但也由于形成视网膜的视锥细胞数目不多，它们在大白天虽然看得见东西，却无法辨别物体的颜色，看到的风景宛如黑白照片。

牛也是色盲，虽然斗牛士惯以红布逗弄刺激公牛，但使用其他颜色的布也是能让公牛兴奋的。看到红布兴奋到最高点的，其实是在场的观众！啮齿目的鼯鼠，因为视网膜中只有视杆细胞，因此是典型的夜行性动物；松鼠的视网膜中只有视锥细胞，因此它在晚上几乎看不见东西，只能在白天活动。

至于老鼠，从它的夜行性习性推测，它具有以视杆细胞为主的视网膜，而且是色盲。解剖老鼠的眼睛并研究其构造，证实上述推论是正确的，而从动物心理学的多种实验也已得知，老鼠缺乏识别颜色的能力。例如，在利用不同颜色的食用染料制作面粉丸子供老鼠取食的实验中，红色丸子被取食的概率高于其他颜色的丸子，但在另一次实验中，用未染色的面粉丸子在不同颜色的小灯泡下进行实验，发现灯光的颜色并不影响老鼠取食的概率。红色丸子被取食的概率较高，很

可能是因为染料的气味或味道更吸引老鼠。

虽然“老鼠是色盲”在动物专家中已成定论，但实际从事防鼠工作的人却不相信这一套，他们认为老鼠偏好红色，并通常以红色色素将毒饵染成红色，或将毒饵放入红色袋子里来灭鼠；消防单位及一些机构甚至禁用红色天然气管，以免老鼠啮咬，造成天然气漏气。事实上，为了评估使用红色管子的危险性，研究人员曾利用红、蓝、绿、白等数种橡皮管或塑料管，调查老鼠对不同颜色的偏好，结果发现老鼠并未偏好红色，不过从实验中得知老鼠不仅能咬破橡皮管、塑料管，还能把管子吃掉且消化殆尽，而且排泄物并没有异样。仔细想想，橡皮、塑料的原料分别为植物性油脂与石油，而石油又是不少家畜饲料甚至是合成食物的原料，从这个角度来看，老鼠取食并消化橡皮、塑料制品，也就不值得大惊小怪了。

◆鼻子

鼻子是哺乳类动物的嗅觉器官，哺乳类动物中，以狗的嗅觉最为发达。狗脸部细长，鼻腔很大，容纳了2亿个嗅觉细胞，为人的40倍（人约有500万个）之多，而且每个细胞功能奇佳，弥补狗在视觉上近视又色盲的缺点。这也是有些狗被用作警犬、救难犬、搜索犬等的主要原因。

老鼠的脸面也呈细长形，嗅觉看似颇为敏锐，其实不然。这从褐家鼠常走动于恶臭的水沟，在垃圾堆中觅食，可略知一二，它的别名“沟鼠”正是从这种习性来的。虽然人的嗅觉也不发达，但我们的嗅觉神经仍存在于鼻孔附近，老鼠却只在鼻腔深部才有嗅觉神经。迟钝的嗅觉趋使它们把活动范围扩大到水沟、垃圾堆等其他动物不想生活的场所。

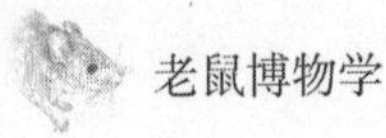

虽然防鼠专家曾利用嗅觉驱避剂来驱鼠，而且也达到一些效果，但这些驱避剂多以粪醇（skatol，粪臭素）等难闻的含硫化合物为主要成分（这种成分即洋葱腐烂时的恶臭成分，我们放的屁也含有这种成分），因此人们往往还来不及验收驱鼠的效果，自己就受不了这种恶臭了。与使用驱避剂相反的是，以香味来诱杀老鼠，这种做法在密闭的房间、仓库可以收到一些效果，但在农田、森林地带的防鼠效果如何，目前还未出现相关的实验报告。附带一提，大部分鸟类也以嗅觉迟钝而出名，尤其乌鸦、海鸥等鸟种，和褐家鼠一样，爱吃发臭的腐肉。新西兰特产的几维鸟（kiwi）是个例外，它可以嗅出蛰居于土中的蚯蚓、昆虫的气味。

尽管老鼠的嗅觉不如狗灵敏，但它的鼻子仍有优于人鼻之处。人的鼻腔有250至400种嗅觉细胞，每种细胞可以感受数种气味，再综合各种细胞的感受度来判断该气味的种类。老鼠的嗅觉细胞超过1000种，可以感受的气味种类远比人鼻多，从葡萄酒的芳醇气味，到各种垃圾、腐烂物的恶臭，它都嗅得出来。

老鼠的嗅觉不如想象中的敏锐

◆ 味觉

前面提到过老鼠会咬食橡皮管、塑料管，不过别以为它是味觉不灵敏的杂食动物，其实为了弥补嗅觉不够完善的缺点，以及摄取更有营养的食物，它发展出了很敏锐的味觉。甚至可以这样说，味觉是它的感觉系统中最发达的一种，也是它选择食物的重要依据。关于这点，可以从老鼠取食花生的情形看出端倪。

喂给老鼠一粒花生时，老鼠会先小心翼翼地接近花生，以嘴巴靠近，看看是否能吃，确定可以吃后，便用两只前脚将花生送到嘴前去试舔。试舔时，它不断以人眼察觉不出的快速度转动花生，如此经过10秒至20秒，舔完整个花生的表面，才完成确认食物的手续。经过这几关后，它才以门齿咬食，而且先从含有多种养分的胚乳开始咬。不过以玉米喂饲老鼠时，老鼠在经过上述一番严格检查后，往往只取食胚乳部分，而对其他部位置之不理。如果把玉米磨成粉，加入少量面粉，做成丸子并经过干燥处理后，用来喂饲一整天未取食、肚子饿扁的老鼠，就另当别论。老鼠对这种加工处理过的食物反应稍有不同，它会先以前脚翻转玉米丸子数次，做一番检查，检查项目包括食物的味道、大小、硬度等，然后顶多咬个两三口就不再取食。

由此可知，老鼠对初次遇到的食物有高度的警戒心，必先以味觉检查该食物是否安全可食。因此开发杀鼠用毒饵所面临的最大难关便是，如何制造可以通过老鼠味觉检查并让它继续取食的毒饵，因此毒饵的形状、大小及配方，都成为考虑的重点。

其实在饲养老鼠时也会碰到老鼠的取食或味觉问题。为了进行一些试验，往往必须从野外捕捉老鼠当试验材料，此时最好先供应它在野外惯常摄取的食物或甘薯等天然食物，然后再逐步给予粒状的人工饲料，否则它会拒食而饿死。尤其幼鼠的警戒心较高，必须特别留意。

至于在屋子里捉到的老鼠，不妨暂时先以面包、饼干之类饲养，然后再逐步以人工饲料喂饲。至于在实验室内以人工配方为饲料、世代饲养的老鼠，就没有这方面的顾虑。

目前专家已针对老鼠味觉灵敏的特性，开发出数种驱避剂，并应用于刚播种的种子、幼树、电缆、电线、水管或装食物的袋子上。例如，将装食物的包装袋以“三明治”的形式处理，亦即将含有驱避剂的一层夹在中间，以免人们误食。由于这些驱避剂不仅对老鼠有效，对鹿、野兔也能发挥吓阻的功能，防止它们啮食树木，因此往往被广泛使用于森林、公园等地。

◆ 颊须

夜行性的哺乳类动物，如老虎、猫、黄鼠狼、貂等，嘴边都有向左右伸出的颊须，老鼠也不例外。人的胡子多半是男人为了表示威严或美观而留的，但夜行性动物无论雌雄，都有颊须，对它们而言，颊须绝非装饰品，而是另有大用，自古即有“剪掉猫的颊须，它就不捉老鼠”的说法。

老鼠最常见的行为就是躲在暗处，然后迅速溜到另一个隐蔽处躲藏，这也是体形小且无特殊攻击性武器的动物常常采用的防身法。此时颊须就派上用场了。在这个分秒必争的行动中，颊须起到判断位置的重要作用。当老鼠爬出鼠洞在房间里徘徊时，它必定沿着墙壁走，没有十足把握是不会离开墙壁的。即使房间中央有食物，它也仍旧沿着墙壁绕远路接近食物，此时若听到可疑的声音，它也会回头沿原路跑回鼠洞。除非极度慌张，它是不会离开这条路线的，而且走动时颊须必定接触墙壁，以确认自己的位置。

颊须是一种呈刚毛状的毛，连接着发达的神经系统。若以慢动作播放拍摄的老鼠颊须的视频，可以发现它们不时微幅地摆动，发出高

频率的超声波，借以确认自己所在的位置。这和蝙蝠的超声波回声定位系统有异曲同工之妙。

想证实颊须对老鼠的重要性，可以做以下的实验。把一只老鼠放在一个大箱子中央，观察它的反应，若它马上走到箱子的角落，待在那里不动，表示它已找到令它放心的位置。然后剪掉这只老鼠的颊须，把它放在箱子中央，这时它仿佛变成瞎子似的，只是略为抖一下鼻子，丝毫不敢向前走，看来此时眼睛一点用处也没有。过了一阵子，它才抖抖鼻尖，小心翼翼地一步一步前进，碰到箱壁就会变得不知所措。由于没有颊须，它很难走到角落。正如盲人走路需要导盲杖一样，老鼠、鼹鼠等视力不发达的动物，在黑暗中也要靠颊须充当拐杖才能行动。无论处在如何狭窄或黑暗的场所，有颊须在，它们就有安全感，能放心地活动。

在一项关于老鼠栖息密度的调查中，研究人员将捉来的老鼠做标记后放出去，再用捕鼠器捕捉。结果显示，野外活动的鼠类警觉性较低，即使曾经被活捉过，在食物的引诱下仍然很容易再度进入捕鼠器。家栖性的褐家鼠、黑家鼠警觉性较高，尤其黑家鼠被捉一次后再进入捕鼠器的概率只有褐家鼠的1/3。既然黑家鼠警觉性高，捕捉黑家鼠用的捕鼠器就得讲究一点，最好是用铁丝网制成的，从外面可以看到里面的捕鼠器，若使用铁板或铝板制造，从外面看不到里面，黑家鼠就不肯进去。黑家鼠的这种习性可能和它的原产地为热带森林有关。

在热带森林里，蛇是黑家鼠最主要的捕食性天敌，而蛇类常蛰居于黑暗的洞穴，因此黑家鼠养成了确认洞穴是否安全的习惯，不会贸然进到里面。至于小家鼠，警觉性虽然不高，但行踪较难预测，几乎每天都改变取食的场所，常迁移到别处或躲藏于阴暗的角落。因此从事防鼠工作的人有如下的说法："防治褐家鼠不难，刚入行的人也做得到；防治小家鼠略难，要具备中等的教育程度和经验；防治黑家鼠最

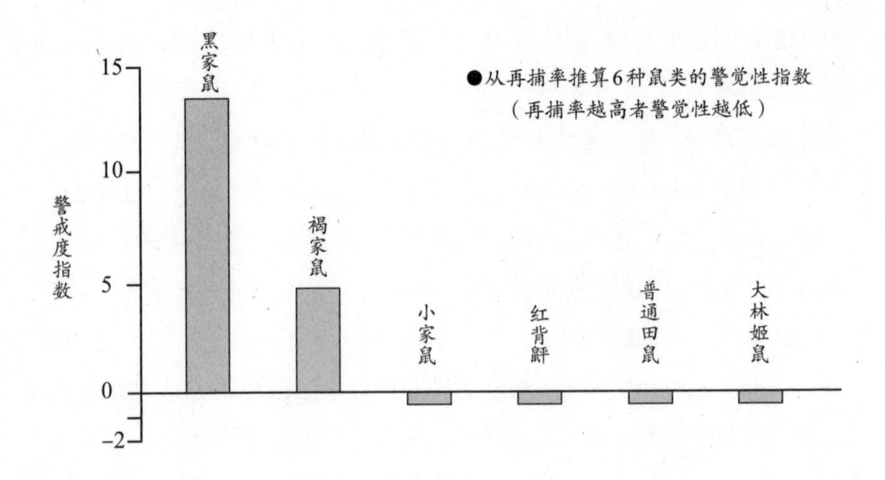

难，必须具备大学本科程度的教育，甚至修完研究生课程。”

◆体毛

哺乳动物的特征之一是身体长毛，而且只有哺乳动物才有体毛。哺乳类与鸟类一样，是恒温动物，无论外界气温如何变化，都会保持一定的体温，若体温随气温降低，不但身体不能活动，严重时还会丧命。不过要维持一定的体温并非易事，恒温动物必须摄取的热量（食物）是爬行类、两栖类等变温动物的五六倍，并且靠着体毛保温。

体毛的保温效果如何，可以从裸体鸡的育种略知一二。过去因为鸡毛没有多大的利用价值，而鸡为了长羽毛消耗不少热量，所以有人培育出没有羽毛的裸体鸡，以图节省养鸡饲料。其实鸡一旦失去保温的羽毛，会从体表散发出大量的体热，为了弥补体温，取食量反而大增，就像我们在寒冷的冬天食欲变大一样。因此最终并未达到节省饲料的目的，这个培育裸体鸡的计划后来就不了了之了。

话题回到老鼠的体毛。有些老鼠通过改变体毛颜色来保持体

温。例如栖息于山林、被一些人当作宠物饲养的大林姬鼠（*Apodemus speciosus*）[1]，夏天有美丽的红褐色体毛，但到了冬天，为了适应气温的变化，体毛从红褐色变成不起眼的黑褐色。琉球鼠（*Rattus legatus*[2]）是分布于热带、亚热带等区域的老鼠，由于体被长毛而得名"长毛鼠"，但它的体毛比较稀疏，尤其到了夏季，部分体毛脱落，变成疏毛的半秃老鼠。

谈到体毛对温度的适应，不能不提一些在冷库中生活的褐家鼠。在日本东京筑地的鱼市场，设有好几座大型冷库用来保存从世界各地进口的鱼类。为了保持这些鱼的鲜度，冷库里面的温度都维持在零下30℃至零下35℃，然而在如此低温的冷库中，竟然还有褐家鼠在走动。根据一些实验，通常老鼠在零下4℃至零下5℃的环境待上两三个小时就会丧命，最长的耐冻纪录也不到半天，但褐家鼠却能在冷库中生活，实在是很离谱的事。

仓库管理员的说法是，这些褐家鼠在去掉内脏的北方蓝鳍金枪鱼肚子里造窝，取食冻得像冰块般坚硬的金枪鱼肉。而经过实际测量得知，库内的温度为零下30℃，金枪鱼鱼体间的温度为零下15℃，褐家鼠造窝的鱼肚子里是零下10℃。虽然通常适宜褐家鼠活动的温度比冷库里的温度高一些，但它仍创下了令人咋舌的耐寒纪录。仓库里这些褐家鼠都比普通褐家鼠大，身上如猛犸（mammoth，又名长毛象）般长满长毛。它们应该是在偶然的机会下误入冷库，取食营养丰富的金枪鱼肉后，才长出又长又密的体毛，并在短时间里建立适应超低温的身体构造。但它们是否真的只靠吃金枪鱼维持生存，还有待调查。

---

1 大林姬鼠是日本特有种，中国与邻国以前所谓的"大林姬鼠"为误定名，已更名为朝鲜姬鼠（*Apodemus peninsulae*）。

2 即*Diplothrix legata*，曾单独列为一个属。

◆尾巴

不少人对老鼠有强烈的恐惧感，尾巴不雅观是原因之一。老鼠的尾巴上只长有稀疏的毛，裸露出的皮肤上，轮状的多节尾骨清晰可见，尤其褐家鼠的尾巴又粗又大，呈淡红的肉色，看起来格外抢眼。其实只凭尾巴外观，我们就可以理解为何多数人喜欢尾巴膨松卷曲的松鼠而讨厌老鼠了。此外，老鼠尾巴的形状也可以佐证，包括老鼠在内的哺乳类动物都是从蛇、蜥蜴等爬行类的共同祖先演化而来的。

本书“野鼠列传”中介绍的英文通称为vole的䶄或田鼠、大爆发后成群迁移的旅鼠（*Lemmus* spp.）、可当宠物养或供实验用的豚鼠（*Cavia aperea porcellus*）[1]等，都是短尾巴的老鼠。褐家鼠、黑家鼠、小家鼠等在我们生活圈中常出现的老鼠，则具有长长的尾巴。为何老鼠的尾巴长度有这么明显的差异?

一般来说，短尾巴的老鼠大多在原野挖洞生活。在狭窄的洞穴中，尾巴常常变成多余的东西，而且过长的尾巴让身体不容易回转。因此，在长期的自然选择中，穴居性老鼠的尾巴逐渐退化，变成短尾型。至于长尾型的老鼠，由于尾巴是它们的生活工具，常常要用到，自然越用越灵活。像黑家鼠就是典型的长尾巴，它原产于亚洲南部的森林，不仅需要爬树，还常在树枝上走动，此时光靠四肢是无法保持身体平衡的。以慢动作播放黑家鼠爬树的影片并加以分析，可以发现它们是以尾巴为支点，用力跳上树的。此外，正如啄木鸟停在树干上啄木头时必须以尾羽支持身体，黑家鼠爬树时也以尾巴支持身体，若只用前

1 豚鼠又名天竺鼠，俗名荷兰猪。基因研究显示，豚鼠身上至少有3种产自南美洲安第斯山区的野生动物的血统，分别是巴西豚鼠（*Cavia aperea*）、秘鲁豚鼠（*Cavia tschudi*）和艳豚鼠（*Cavia fulgida*），这说明豚鼠是南美洲的先民们长期培育的结果。

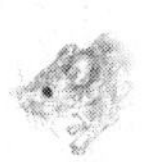

巢鼠（*Micromys minutus*）

后脚，就会掉下去。换句话说，就像表演走钢索特技的人拿一支长棍子保持身体平衡那样，黑家鼠在树枝上走动时，尾巴有着平衡棍的效果。

巢鼠（*Micromys minutus*）大多生活在河畔的草原，利用茅草等草茎筑造窝穴，在此养育幼鼠，故有harvest rat的英文名（意为“收获鼠”）。它的尾巴长7至8厘米，比6至7厘米的体长略长，是它倚重甚深的攀爬工具。当它在草茎上爬上爬下时，长尾巴就缠卷在草茎上。与黑家鼠相同，以森林为主要活动场所的大林姬鼠、日本姬鼠（*Apodemus argenteus*），也有长长的尾巴。而褐家鼠虽然不善于爬树、登高，却也有长尾巴，这长尾巴是在靠着墙壁站立时用来支撑身体的。

沙鼠（*Meriones* spp.）对尾巴的倚赖更为明显。顾名思义，沙鼠是分布在亚洲沙漠地带挖洞生活的老鼠。它们的尾巴与体长相近，虽然在洞穴里长尾巴无用又碍事，但在洞外，当它们以后脚站立远眺周围情形时，那发达的长尾巴就成为支撑身体的有力工具，就像袋鼠以粗大的尾巴和后肢形成三角点稳定身体那样。

既然尾巴是长尾型老鼠非常倚重的身体构造，它就绝不会亏待尾巴，走动时一定会把尾巴举起来，以免拖在地上受伤。有时我们会在一些图画中看到拖尾走路的老鼠，这虽是夸张的呈现或想象，但多少透露出画家观察力欠佳的一面。

附带一提，老鼠主要的行动工具仍是脚。观察老鼠的脚底，可以发现一些膨大并突出来的球状肉垫，肉垫表面有许多细皱。这种构造在黑家鼠、巢鼠等沿垂直面活动的鼠种身上尤其发达。至于擅长在平面上走动的褐家鼠、小家鼠等鼠种，虽有肉垫，但肉垫表面的构造较为平滑。不管老鼠脚底有细皱还是较为光滑，由于它们常在污物上活动，脚底沾上病菌、传播疾病的概率都相当高。

老鼠生活面面观

“衣食住行”是我们人类念兹在兹的四大民生问题，其实对其他动物来说也是如此。关于老鼠“衣”“行”的问题，在前一章关于“体毛”“尾巴”的篇章中已提过，但如果按照更宽泛的解释，老鼠全身上下都与“衣”“行”有关。至于攸关存活的“食”的问题，则与栖所——“住”息息相关。

◆ 老鼠的栖所

前面提过，老鼠家族成员繁多，它们的栖所自然呈现多元的样貌。从地理分布来看，目前除了南极内陆及珠峰峰顶，老鼠遍及地球各个角落，就连格陵兰海岸的冻土、阿拉斯加最高峰德纳里山[1]峰顶、非洲的沙漠、西伯利亚的冻原、太平洋上的加拉帕戈斯群岛，或者在大洋航行的船只上，都有老鼠的踪影。

至于南极，随着中、美、英、日等国在此设立观测基地，渐渐成为新兴的观光景点，出入此地的人口增加，小型聚落也油然而生，慢慢出现适合老鼠生活的环境。尤其观光船、货船的频繁来往，更增加了老鼠入侵此地的机会，可说它们已成功登陆并在南极立足了。前面提过褐家鼠能在零下30℃的冷库中走动，因此在北极因纽特人的冰屋里能看到老鼠，也就不令人意外了。何况观测基地、聚落等有人住的地方，暖气设备完备，必定有不少剩余的食物可供老鼠取食。平常人

1 别称为麦金利山（Mount Mckinley）。

格陵兰旅鼠（*Dicrostonyx groenlandicus*）

们让老鼠自由出入，缺乏食物时才捉来充饥。因此，老鼠入侵南极后容易在此立足。

从环境性质来看，冻土、沙漠地带虽然很难生活，但仍有动植物分布。生物凭借高度的适应力在那里建立生活场所，老鼠就是其中之一。最明显的例子是已成为家栖性老鼠的褐家鼠与黑家鼠，虽然黑家鼠本是以热带森林为栖所的老鼠，但随着人们砍伐森林、建盖房子，不少林地发展成村落、城市，迫使它们渐渐将生活场所转移到人烟稠密的地区。对黑家鼠来说，人烟稠密的地区不常有捕食它们的天敌，却随处可见人们预备的食物，是极佳的新居所；再者，靠着在森林里练就的攀高及平衡功夫，它们能在梁木、天花板、绳索上来去自如，扩展分布范围。部分黑家鼠更是在偶然的机会下潜入码头，行走于船缆之上，变成船上的老鼠，得到“船鼠”的别名，并利用船舶靠岸的机会，从船缆下船、登陆，因此黑家鼠很快就从热带森林地区扩展到人们生活的各个地方。

至于褐家鼠则原本生活在中亚湿原地区，人类聚落的出现也为它提供了良好的栖所。从它的别名“沟鼠”就知道，它喜欢在有水的地方活动并筑造隧道型的巢。在人们的生活环境里，厨房、浴室等处也有水管、通气孔一类管状构造，若不用特别坚固的材质来建造，擅长咬嚼的褐家鼠要在这些管子上咬出洞来并非难事。虽然褐家鼠从中亚湿原地区向外扩大分布范围的时间比黑家鼠晚，但凭着凶暴的习性与旺盛的繁殖力，竟后来居上，成为头号家鼠。

此外，小家鼠也是极重要的家栖性老鼠，还有不少种类的老鼠以农田为主要活动场所。在各种景观如森林、草原，甚至少有植物的沙漠、岩砾地、海滩，可以看到更多种类的老鼠。由于它们对环境的适应能力强，竟有人认为人类若是灭亡了，老鼠将仍能存活下来，取代人类在地球的地位。这种说法虽然有待商榷，但多少反映出老鼠不容小觑的一面。

◆ 老鼠的食性

老鼠是杂食性动物，所谓杂食性，是指取食包含植物性、动物性的多种食物。但进一步来看，还可以分为比较喜欢植物性的、对动物性食物依赖性较高的，等等；或者虽说偏好植物性，但对叶片、茎、根部、果实、种子的嗜好程度，也因老鼠种类而不同。值得注意的是，植食性、肉食性动物，只取食植物性或动物性的食物就能维持生命，而杂食性动物必须取食这两种食物才能维持营养的平衡。这也是我对长期待在冷库的褐家鼠只靠金枪鱼肉维持生命的说法有所质疑的原因。

虽然鼠类偶尔会取食塑料、橡皮之类的东西，但它们的食物仍以纯动物性及植物性为主，这也是多种鼠类成为灾害的主因。不过它们对不同食物的需要性或偏好性因种类而异，甚至同一种老鼠，在不同

褐家鼠是偏重肉食性的老鼠

的生活环境中，也表现出不同的取食偏好。例如褐家鼠是偏重肉食性的老鼠，黑家鼠、小家鼠的食物以谷类等植物种子为主。有人主张，制作诱杀老鼠的毒饵时，米谷店最好以谷类为主要原料，鱼店应该利用肉类，也就是说采用老鼠日常取食的食物，这样可以解除老鼠的戒心，提高灭鼠的效果。可这种说法只说对了一半，因为在米谷店与鱼店活动的老鼠，种类可能不一样，出没于米谷店的以黑家鼠、小家鼠居多，在鱼店活动的应是褐家鼠。因此，在从事灭鼠或防鼠工作时，应该先搞清楚防治的对象是哪一种老鼠。

调查动物食性时常用的一种方法就是检查胃部内容物。杂食性动物的胃内容物变化很大，这从我们每天的菜单就能看出来：有时吃猪肉、牛肉或海鲜，摄食的蔬菜种类也是天天不一样，因此要调查杂食性动物的食性，不能只解剖数只动物就下结论，而要综合多只老鼠的解剖结果，才能得出比较正确的结论。根据调查，在褐家鼠的胃里可以发现含植物性食物的剩余饭菜以及动物性的鱼、肉等食物，动物性食物占20%～30%；

而黑家鼠胃里的动物性食物只占整个内容物的7%～8%，与褐家鼠相较，明显少了许多，可见褐家鼠是偏向肉食性的杂食者。至于小家鼠，从解剖的结果得知，它是比黑家鼠更偏向植物性（谷类）的杂食者。

但在实验室饲养这三种老鼠时，都用同一种养鼠用饲料。值得观察的是，它们是否取食同种食物就能正常发育，或者鼠体上是否出现了我们未曾察觉到的变化？无论如何，实验室要获得正常发育的老鼠，应该兼顾各种老鼠食性或偏好，开发出不同成分的饲料；而在制造诱杀老鼠用的毒饵时，也应该考虑防治的鼠种的食性偏好，如此才能提高老鼠取食毒饵的意愿，达到理想的防治效果。

和褐家鼠比较，黑家鼠由于偏向取食谷子之类坚硬的食物，门齿的磨损度较大，为了弥补损失，大致以一星期二三毫米的速度生长，在实验室里就曾发生黑家鼠在一两天内将铝制饲养箱啃出一个洞而逃跑的事件。而褐家鼠门齿的生长速度不及黑家鼠那么迅速，不会如此快速地在铝板上挖洞。

虽然褐家鼠的食性偏向肉食性，但动物性食物还是只占其食物总量的1/4至1/3，显然植物性食物对褐家鼠仍然很重要。解剖褐家鼠的消化道即可知，褐家鼠有和胃大小大致相同的盲肠，里面有多种共生微生物，能将植物纤维转化成可供它利用的营养物质。不仅如此，微生物还有合成维生素的作用，若完全除去这些共生微生物，褐家鼠将罹患维生素K缺乏症。虽然共生微生物所合成的维生素多由肠壁吸收利用，但部分维生素仍以排泄物的形态排出体外，因此一些鼠种有取食这种特殊粪便的举动，也就不足为奇了。

食物在胃里经过第一阶段的消化作用后，由十二指肠进入小肠，在此大致完成糖分、脂肪、蛋白质的消化、吸收，而未被消化的植物纤维质则经过盲肠进入大肠。一般而言，以植物纤维质为主食的哺乳

栖息于非住宅区的野外黑家鼠与褐家鼠胃内容物之成分比

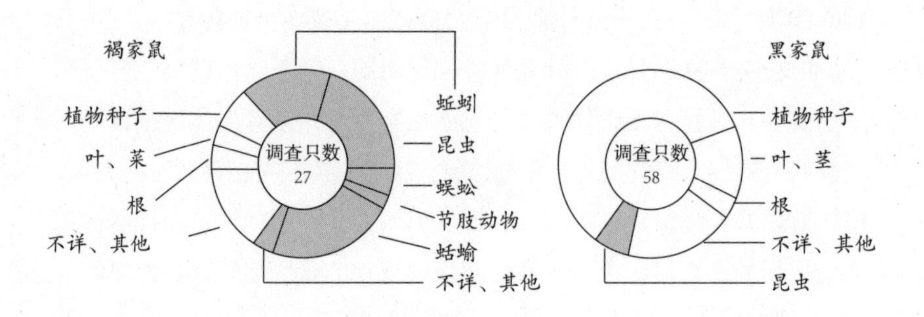

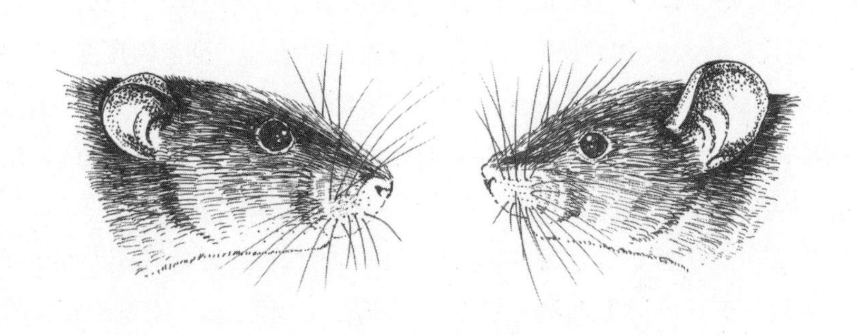

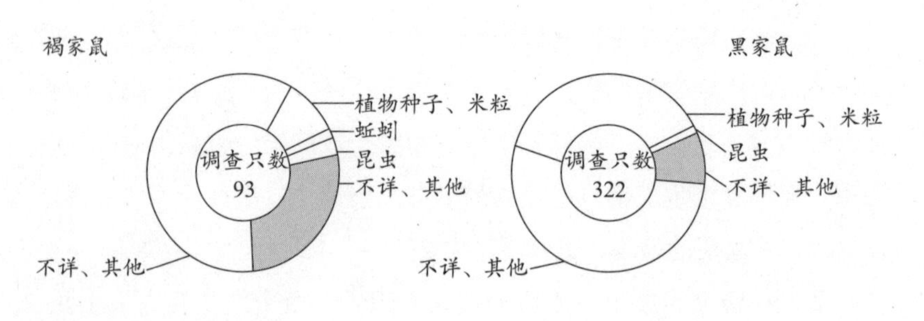

栖息于住宅区的黑家鼠与褐家鼠胃内容物之成分比

类动物，大肠或盲肠较为发达，有时还比小肠长很多。附带一提，大肠与小肠的长度比，或盲肠与小肠的长度比，是推测动物食性的指针，从附表的数据可知，田鼠等草食动物的盲肠、大肠相对很长。在绒鼠（*Eothenomys* spp.）、棕背䶄（*Myodes rufocanus*）的消化道上，也可以看到类似的情形。大林姬鼠、日本姬鼠等以谷粒、种子为主食的鼠种，大肠、盲肠相对小肠的长度明显较小，至于褐家鼠、黑家鼠、小家鼠，相对长度更小。根据在一所鱼市场就77只褐家鼠的胃内容物所做的调查，鱼肉占85%，其余15%是柑橘皮等植物性食物。可见在鱼市场活动的褐家鼠也需要植物性食物，因此被关在冷库的褐家鼠若不伺机逃出，最后因营养不均衡而丧命的可能性很大。

除了食物种类，取食量也是探讨食性问题时不能忽略的一个方面。一般来说，越大的动物，取食量越大；越小的动物，取食量越小。例如一头体重六七吨的非洲象，一天要取食150千克的食物，并喝下70至90升的水，至于排泄量，也很惊人，一天排粪七八次，一次排出七八粒粪球，一粒粪球约重1千克，一天的总排粪量相当于一个成人的体重。一天150千克的取食量看似惊人，其实不过是大象体重的1/40。若是体重500千克的公牛，则一天可取食20千克的牧草，即取食量为体重的1/25；体重2千克的兔子，一天可取食400克的草，即取

【六种鼠类的大肠、小肠、盲肠长度比】

鼠 种	大肠/小肠	盲肠/小肠
褐家鼠（*Rattus norvegicus*）	0.16	0.036
黑家鼠（*Rattus rattus*）	0.23	0.051
小家鼠（*Mus musculus*）	0.22	0.031
大林姬鼠（*Apodemus speciosus*）	0.37	0.096
日本姬鼠（*Apodemus argenteus*）	0.28	0.084
普通田鼠（*Microtus arvalis*）	0.85	0.388

食量为体重的1/5。如此看来，动物一天的取食量虽然随着身体变小而减少，但体重和取食量的比率却会增加。前面提到过的体重不到2克的姬鼩鼱，是最小的哺乳类动物，它一天的取食量竟高达4克，是体重的2倍。

在2000多种啮齿类动物中，有娇小如姬鼩鼱、体重约5克的巢鼠，也有体长超过1米、体重达五六十千克的南美洲水豚，变化很大。我们最常见到的褐家鼠体重为300至450克，但在酒吧、啤酒屋密集的东京银座，因为常有客人掉落在地或吃剩的花生、干酪、饼干等食物，此地的褐家鼠发育得特别好，竟出现体重近1千克的巨型褐家鼠。尽管褐家鼠的体重因生活环境的不同而有所差异，但它们一天的取食量大致为体重的1/4至1/3，即体重300克的褐家鼠一天要吃掉80至100克的食物。一只老鼠的取食量看来不大，但积少成多，成群老鼠的取食量是很可观的。

虽然老鼠的种群数量随着季节、环境等因素变化，不易掌握，但在日本曾有“鼠类数量为人口数量三倍”的记录，若将此数据套用在我国台湾，台湾就有多达7000万只老鼠，由于其中包括不少幼鼠，以每只老鼠平均一天取食20克来计算，一年吃掉的食物极其可观（7000万×365日×20克）。简化来看，台湾每年进口约650万吨的杂粮，被老鼠吃掉的就占8.5%。尤其养鸡场、养猪场等处，常有成百上千只老鼠活动，俨然成为老鼠的乐园，灭鼠剂有时杀鼠不成，反而误杀饲养的家畜、家禽，造成老鼠数量是家畜、家禽的10倍以上。如果饲养100只猪的养猪场有1000只老鼠，每只老鼠一天的取食量以20克来计算，这些老鼠一天就会吃掉20千克的猪饲料。而一只体重二三十千克的幼猪，一天取食量为体重的5%，即约1千克。以此来估算，每天遭老鼠盗食的饲料可饲养20只幼猪，损失不可谓不惊人，可见鼠害不容轻忽。

再来看水分摄取的问题。水占人体体重的70%左右，是我们维持生命不可或缺的物质。其实对其他动物来说，水也极其重要。不过，动物对水分的需求，因种类和栖居场所而异。例如骆驼、袋鼠等生活在干旱区域的动物，耐旱性强，可长期忍受缺水状态；老鼠家族中的沙鼠、非洲跳鼠等，也具有类似的能力。此外，小家鼠也能忍受长期缺水的状态，因此可以潜进货柜里搭乘货轮横渡大洋。

但褐家鼠、黑家鼠就没有这种耐旱功夫，它们若不随时补充水分或取食含水量高的食物，将会有生命危险，因此在缺水时，它们会转而摄取平常不取食但水分含量较多的食物。换句话说，需水量或耐旱

史氏绒鼠（*Eothenomys smithii*）

性成为决定老鼠生活方式的关键之一。关于这点，从它们的造窝场所就可窥见。例如褐家鼠又叫沟鼠，多造窝及活动于潮湿或临水的地方，是游泳高手；黑家鼠通常在农舍、仓库的角落等干燥地方造窝，活动范围较大，必要时还会远出喝水。至于小家鼠，其活动范围较窄，但还能在完全无水的水泥仓库里造窝生活。为什么这三种老鼠的需水量有如此大的差异?

值得一提的是，实验室世代饲养的老鼠的饮水量，并不代表在屋内或野外活动的老鼠的实际摄水情形。最明显的例子就是，捉来的老鼠因环境改变而紧张，饮水量比平常多。此外，动物们在供水充足时也有多喝水的倾向。因此要深入探讨喝水量的问题，得从它们的食性差异及肾脏构造着手。

前面提过，褐家鼠的食性较偏向肉食性，蛋白质的取食量较多，为了稀释蛋白质分解后产生的尿素，必须摄取较多的水分，因此排出的尿量多，而且所含其他成分的浓度也低；相反地，不喝水的时候排尿量少且浓度高，像生活在沙漠、旱地的动物就以排出高浓度的尿来减少水分的散失。

三大家鼠的肾脏构造

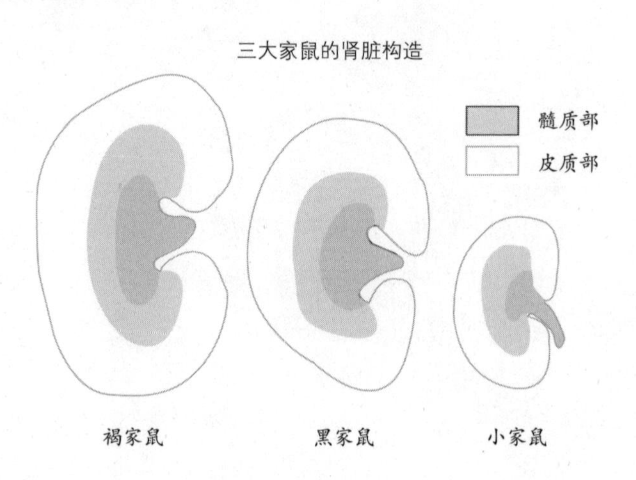

哺乳类动物的主要泌尿器官是肾脏，肾脏由皮质及髓质两个部分构成，回收尿中水分、调节尿液浓度的工作在髓质部进行。肾脏髓质部较发达的动物，水分回收率较高，可排出高浓度的尿，换句话说，它的摄水量不必很高。比较褐家鼠、黑家鼠、小家鼠肾脏中髓质部的厚度发现，小家鼠髓质部的厚度占整个肾脏的80%以上，褐家鼠与黑家鼠则只占70%左右，由此得知小家鼠的水分回收能力较强，可排出高浓度的尿。事实上，当它有机会喝水时，它会一次喝下大量的水，并将水留在体内，以备回收再利用，这就是它还能在仓库、货柜等无水的环境待一段时间的原因。

至于较偏肉食性、蛋白质摄取量比黑家鼠多的褐家鼠，食物中氮的含量较高。由于氮会在动物体内变成有毒性的尿素，造成中毒，因此必须以多量的水分稀释，才能排泄出去。如果褐家鼠肾脏的髓质部像小家鼠那样发达，它就能把尿素溶解于浓缩的尿中排出体外，但褐家鼠的髓质部功能不如小家鼠，它只能排出水分多浓度低的尿，而且必须补充大量水分。黑家鼠髓质部的发达程度与褐家鼠相差不多，但由于黑家鼠的食物以谷子为主，氮的摄取量不高，在体内产生的尿素不多，自然不需要像褐家鼠那样摄取大量的水。

有意思的是，黑家鼠、褐家鼠未必直接接近水源来解决摄取水分的问题。在远离水源的地方，它们会取食含水量较高的草茎、草叶，借此取得所需的水分。过去在台湾，老鼠是主要的甘蔗破坏者，它们常常在干旱期啃咬甘蔗的茎和新芽，以及花生、甘薯等多种农作物。其实它们并不是把这些农作物当成食物，而是视作水源。

事实上，老鼠的需水性也对它们的食性造成一些影响。例如，黑家鼠、褐家鼠不太喜欢取食马铃薯，因此有些地区为了回避鼠害，种植马铃薯来取代甘薯。然而在尼泊尔的加德满都盆地，黑家鼠对马铃薯的危害却

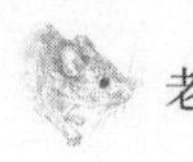

相当严重，原来该地每年有半年以上的干旱期，黑家鼠为了摄取水分，不得不改变饮食习惯，就地取材，逐渐发展出取食马铃薯的黑家鼠新品系。

虽然小家鼠的耐渴性很强，但母鼠在代谢作用较旺盛的怀孕期及哺乳期需要摄取大量的水分，此时的喝水量是平常的数倍。不仅如此，母鼠还会边喂奶，边从幼鼠的排泄口吸食粪尿来补充水分。原来仔鼠的尿液较稀，粪粒的含水量也较高。这种习性在需水性最强的褐家鼠身上也能观察到。

◆ 繁殖与“鼠算”

谈到老鼠的繁殖，我们一定会想到它们那惊人的增加率，在谈“鼠算”之前，先来看一下褐家鼠的繁殖过程。当一对成鼠交配后，雌鼠经过21天的怀孕期，生下数只赤裸裸、眼睛紧闭的仔鼠。仔鼠吮吸鼠奶而长大，经过一个星期全身才长出体毛，眼睛张开，具备我们所了解的褐家鼠的外形；再经过一个星期，离开母鼠开始独立生活。值得注意的是，21天的怀孕期似乎是鼠类的共同特性，黑家鼠的怀孕期也是21天，其他如小家鼠、田鼠等小型鼠类也是交配21天后产下仔鼠。

鼠奶是富含脂肪、蛋白质的营养物质（见附表），可以促使仔鼠快速发育。雄仔鼠发育较快，独立生活半个月后，即生下一个月后，已有交配的能力。雌仔鼠的发育较慢，经过40至50天，长成可以交配生产的成鼠，每4天排卵一次，一次约排卵10粒。母鼠在生产后的6至12小时内就再交配、怀孕，此后一边喂奶，一边在肚子里孕育下一批胎儿。大约在怀孕第15天，由于下一次临盆期快到，母鼠常有赶走哺乳中仔鼠的行为，被赶走的仔鼠们只好开始独立生活。

至于老鼠的繁殖期，因老鼠的种类、生活条件而有相当大的差异。在热带、亚热带四季变化不明显的地区，老鼠全年都可以繁殖；在温

【鼠奶与人奶成分之比较】

	水分	蛋白质	脂肪	糖分	无机盐类
鼠奶	72.0%	9.2%	12.6%	3.3%	1.4%
人奶	88.0%	1.2%	3.8%	7.0%	0.2%

※约略数据

带地区，它们的生产期则多集中于春秋两季，尤其在野外生活的褐家鼠，这种趋势极明显。黑家鼠的繁殖情形与褐家鼠类似，但一年的生产次数比褐家鼠少，约为五六次；若与攻击性较强的褐家鼠同住，被迫处于劣势，没有充足的食物可吃，生产只数也会受到影响。

普通田鼠、大林姬鼠等鼠种更容易受到季节变化的影响，繁殖期明显分成春秋两季，在亚寒带地区更集中在晚春至秋季这一时期。在不适于繁殖的冬季，雄鼠的睾丸萎缩，雌鼠则以分泌物紧紧封闭阴道口。春秋两季型多在春季生产两三次，秋季生产一两次；夏季一期型则是至少连续生产三次。两型在繁殖率上并无明显差异。

虽然生活在野外的鼠种繁殖行为容易受到季节变化的影响，但从野外捕捉的褐家鼠在被饲养在室温25℃左右并喂以充足的食物时，曾有一年生产17次，共得85只后代的纪录。由此可知，野鼠在冬季气候较暖和，且竹子、树木结实极佳时，就有大爆发的可能。

至于一胎的数目因鼠种而异，田鼠通常是4只，有时五六只，很少在3只以下或7只以上。史氏小鼠（*Eothenomys kagenus*[1]）以两三只为主，很少看到4只以上；大林姬鼠、日本姬鼠通常一胎生4至6只。褐家鼠的变化比较大，通常为6至8只，多时达9至10只。根据在日本东京的调查，住宅区的褐家鼠以6至8只为主，如银座等餐厅林立的地区，由于食物条件良好，以8至12只居多，平均为10只。目前日本最

1 现更名为*Myodes smithii*。

多产的纪录为18只，世界纪录为23只。

那么什么叫作“鼠算”？所谓的鼠算，其实是理论上的数据。这出自17世纪日本数学家吉田光由在《尘劫记》中提出的一个问题：一对老鼠在1月间生了12只仔鼠，其中雌雄各一半，如此包括亲代在内，共有7对老鼠，它们在2月间全部配对（共有14+12×7 = 98只），又各生下6对老鼠。以此类推，每月的老鼠全部配对，每对又各生下6对老鼠，一年下来，到底总共有多少只老鼠?

最简单的算法是，从第一对老鼠算起，每过一个月，老鼠的只数就增加7倍，成平方级数增加，至12月可达12个平方，至12月底，老鼠的只数高达27,682,574,402只。

从鼠算来看，一年后老鼠的只数的确是令人咋舌的天文数字，但这只是理论上的计算，实际上不至于如此。在一些有关老鼠的专著中，有的写一年后的后代数为350,000只，有的写9000只，差距甚大。这或许跟鼠种、一胎的数目、繁殖期的长短及栖所的变化等因素有关。但无论如何，这些数据都有夸大之实。日本一项可信度较高的调查资料指称，一对野鼠一年后的后代数约为1500只，然而卫生单位对都市区一对褐家鼠所做的调查发现，它们所生的后代高达5000只。虽然两者的差距不像350,000与9000那么大，但为了有效推动防鼠工作，不管是野外的老鼠还是家栖性的老鼠，采用相同的数据较佳。由于5000只这个数据对一般民众较有说服力，于是日本农林与卫生单位经过协调后，统一采用5000只，包括美国在内的几个国家也是采用5000只，看来这应该是相当合理的数字。

看起来，一对老鼠一年后增加为5000只是合理的估计，若以这样的速度增加，地球上应该很快就老鼠爆满才对，但实际不然，除了老鼠大爆发的时期与地区，整个地球栖息的老鼠始终维持一定的数量。

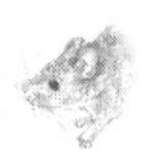

因为老鼠的繁殖率固然惊人，但死亡率也很高：一对老鼠一年后虽增加2500倍，然而其中99%的老鼠未完成繁殖工作就死亡，不少老鼠在仔鼠期得病或因被捕食而夭折。其实不只老鼠如此，其他各种动物的种群数量也受到繁殖与死亡的控制。

在美国，一位专家曾将一对褐家鼠释放在以围墙围着的大面积试验区，一年后调查试验区的褐家鼠。原先估计一年后将有5000只，但实际数量只有预期的3%，即150只，之所以如此少，主要的原因是有很多病死了。若不是有围墙防止它们的天敌进入捕食，老鼠的数量可能接近零。多数专家认为，自然界条件良好时，老鼠的存活率为1%，平常则为0.5%，即200只中只有1只存活。虽然0.5%看起来很低，但一年后仍有25只存活。

为了留下更多的后代，没有强大武器对抗捕食性天敌的老鼠，不得不躲藏在地洞或隐蔽处筑巢，并采用多产的策略。这种策略不仅让老鼠的后代数量快速增加，也造成它们在习性上的多样性，让它们能在短期内迅速适应各种环境。从这个角度来看，疾病、天敌都是抑制老鼠的功臣。我们的防鼠工作目标就是采用人为的方法将0.5%至1%的自然存活率降低到近于零的程度，这项工作相当艰难，需要全盘考虑才能圆满完成。

第二部分

家鼠篇

家鼠与野鼠的定义

本书将老鼠分成家鼠与野鼠两大类，分别在第二部分及第三部分中的章节介绍。其实家鼠与野鼠之间没有严格的分界线，凡是在我们居家环境活动或有时进入我们屋里的老鼠，习惯上都叫家鼠，而主要在田野、森林等场所活动的则称为野鼠，但两者之间的流动性相当大。有些鼠种平常多半在田野活动，到了冬天食物缺乏时，为了御寒、觅食才进入屋内，等到春暖时期又迁移到野外。正如《伊索寓言》里的“乡下老鼠与城市老鼠”，虽然是同一种老鼠，也有“纯居家性”和“半居家性”之别。

但值得注意的是，老鼠的英文名称藏有玄机。house rat指的是黑家鼠，house mouse指的是小家鼠。至于家养鼠（domestic rat，domesticated mouse），并非我们所谓的家鼠，而是指当宠物或做实验用的老鼠；而不属于这一类的叫作野生鼠（wild rat或wild mouse）；家栖鼠（commensal rat或commensal mouse）则泛指与人们共同生活的老鼠。严格地说，老鼠与人们共生的程度，因人们及老鼠各自生活条件而异，因此甚至出现“近家栖鼠（para commensal rat）”的名词。相反地，在田野、森林独立生活的老鼠叫“野鼠（feral rat或feral mouse）”。

虽说我们习惯把黑家鼠、褐家鼠和小家鼠看作“家鼠”，但在英文里，这三种老鼠中完全在屋外生活的被归类为“野鼠”。曾有人提议用“害鼠（parasitic rat或parasitic mouse）”这样的词，但并未获得广泛的支持，因此在相关英文报告上很少看到这种用法。原因是“寄生”（parasitism）这个词常让人联想到肚子里的蛔虫、绦虫或从体表吸血

的虱子，甚至寄生蜂、寄生蝇、槲寄生（mistletoe）或各种病原菌等，它们与寄主身体密切接触并从中得利的生活模式，与老鼠和人们的互动关系，相去甚远。

我们一般所讲的家鼠，包括黑家鼠、褐家鼠、小家鼠，虽然它们是家栖性老鼠，但有时也会在野外活动。被归类为野鼠的则有姬鼠（*Apodemus* spp.）、板齿鼠（*Bandicota* spp.）等，同样地，它们不是只待在野外，有时也会入侵农舍、山庄掠食。

家鼠的三大成员

家鼠的三大成员为褐家鼠、黑家鼠、小家鼠，它们外形看起来很像，若要正确地区分，必须仔细观察它们的身体，尤其是头骨部分的构造，以及生活习性。为了方便一般读者识别，在此把它们的形态特征和习性列成一个表。

从附表（见第57页）即知，它们的身体大小，尤其是体长有明显的差异，但这是就成鼠所做的比较。仔鼠出生后由母鼠哺育，经过约半个月才离开母鼠，此时其身体还小。但在此后的半个月至一个月内，它们迅速发育成可以交配、繁殖的成鼠。刚达到成熟期的褐家鼠、黑家鼠，与小家鼠成鼠的身体大小接近。要区分它们，最好的方法就是观察它们的性征。如果是已成熟的小家鼠，它的乳头或睾丸明显发达；如果是褐家鼠或黑家鼠的幼鼠，则乳头或睾丸尚未发育，全身还覆盖着柔软的白毛。一般来说，幼鼠的头部、脚部发育得较快，就像迪士尼动画片中的米老鼠那样，相对整个身体而言，头部较大，脚较长。

【三种家鼠成鼠在形态及习性上的特征】

	褐家鼠 *Rattus norvegicus*	黑家鼠 *Rattus rattus*	小家鼠 *Mus muscucus*
别　名	沟鼠、挪威鼠	熊鼠、屋顶鼠、船鼠、玄鼠、家鼠	小鼠、月鼠、小家鼠
英文名	Brown rat，Sewer rat，Norway rat	Black rat，Roof rat，Ship rat，House rat	House mouse
成鼠体重	250 ~ 400克	150 ~ 200克	10 ~ 30克
体　长	20 ~ 28厘米	17 ~ 24厘米	6 ~ 10厘米
尾　长	19 ~ 22厘米，短于体长	17 ~ 25厘米，超过体长	7 ~ 11厘米，约同于体长
毛　色	背部呈褐灰色 腹部呈灰白色	背部呈黑褐至黑色 腹部呈灰白至黄褐色	褐灰色
尾部颜色	上暗下白	上下皆暗色	上下皆暗色
身体特征	粗大鼻钝	细瘦鼻尖	小细瘦鼻尖
眼睛与耳朵	皆小型不突出	眼睛大而凸出 耳朵大且竖直	眼睛凸出 耳朵大且竖直
脚部颜色	白色或较淡的颜色	与背部相同的浓颜色	与背部相同的褐灰色
食　性	较偏肉食性	以谷类为主	以谷类为主
耐渴性	弱	中等	强
粪粒形状	大，呈胶囊状	中等，呈腊肠状	小，呈纺锤状
性成熟期	♂ 30天，♀ 40 ~ 50天	♀ 30天，♀ 40 ~ 50天	♂ 30天，♀ 40 ~ 50天
怀孕期	18 ~ 21天	18 ~ 21天	18 ~ 21天
一次生产胎数	6 ~ 16只	3 ~ 16只	2 ~ 7只
习　性	凶暴，攻击性强，擅长挖洞、游泳，多在水沟渠、下水道、建筑物地基下、垃圾堆等多湿或易得水处生活。	警戒心高，善于攀爬，多在房舍、天花板或阁楼、高处活动，也常出没在夹壁、仓库及树丛间。	警戒心高，善于攀爬、蹦跳，躲藏在夹壁间、橱柜后、冰箱下、抽屉里等隐秘处，在仓库中很常见。

【褐家鼠及黑家鼠的成鼠、幼鼠与小家鼠身体之比较】

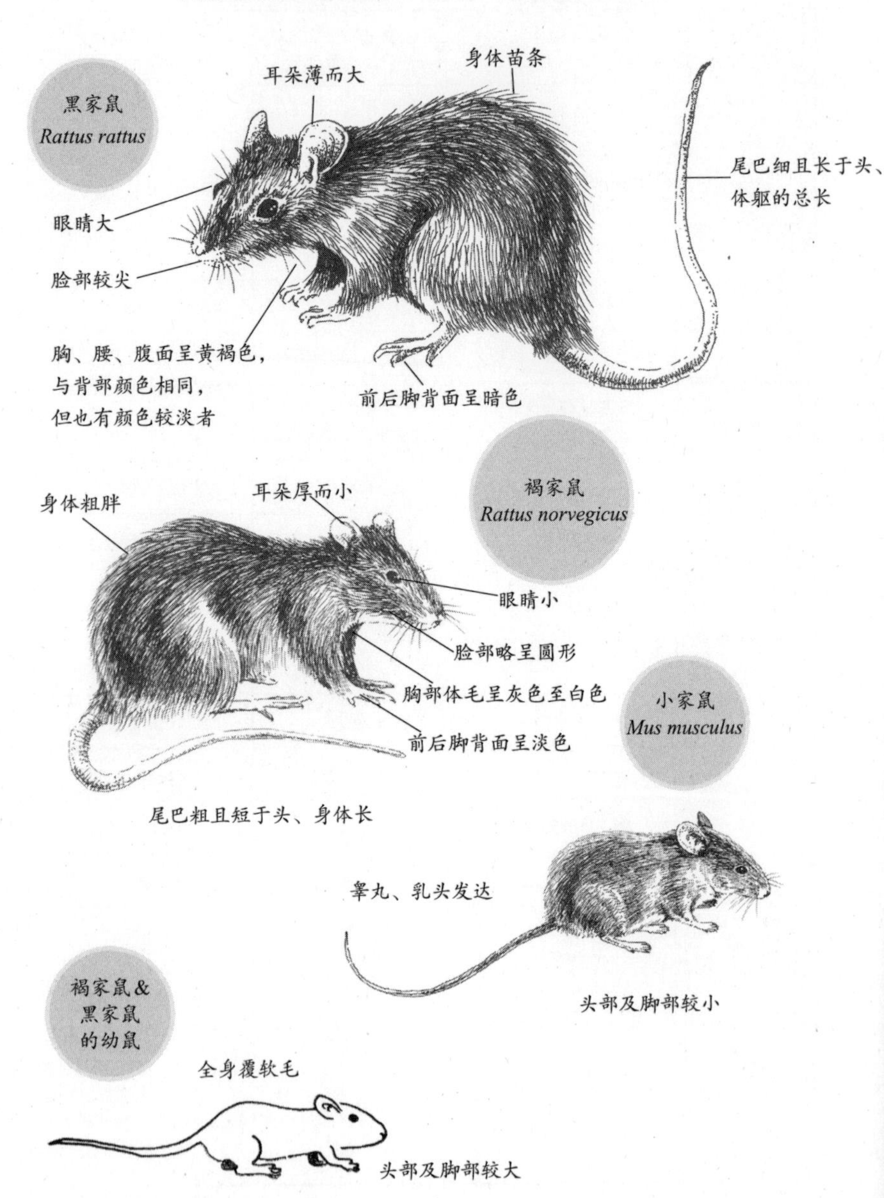

成为家鼠的条件

虽然我们对褐家鼠、黑家鼠和小家鼠已有了总体的认识，但是我们并不了解，在鼠科的1300多种老鼠中，为什么是这3种成为最主要的家栖性老鼠？偶尔也有其他种类的老鼠进入我们的住宅，但它们为何不能或不需要长期依靠人类生活？这是值得探讨的问题。由于黑家鼠成为家栖性老鼠的历史最悠久，资料也最多，我们就从黑家鼠谈起。

黑家鼠和它的一些同类原产于东南亚及其周围地域，虽然它们也在世界各地繁衍，但目前亚洲仍是它们最活跃的地区。属于大鼠属（*Rattus*，也称家鼠属）的老鼠约有60种，学名*Rattus norvegicus*的褐家鼠就是其中之一。已知多达40余种的大鼠属老鼠以东南亚为中心，向周围分布，分布范围扩大到东亚、大洋洲等，但离东南亚愈远，分布的种类数愈少，有时只看得到黑家鼠与褐家鼠两种，甚至只看到其中一种。

大鼠属的老鼠大多生活在森林、草原或农耕地，真正进入人类住宅生活的不多，除了黑家鼠、褐家鼠外，还有最近在台湾发现的缅鼠（*R. exulans*），以及在台湾未见分布的拟家鼠（*R. turkestanicus*）[1]与大足鼠（*R. nitidus*）。

缅鼠又名波利尼西亚鼠，是分布于东南亚、南太平洋群岛的家栖性老鼠，英文名为Polynesian rat，常见于波利尼西亚当地的餐馆。其体形略似黑家鼠，但体重只有100克，还不到黑家鼠的一半，虽然攀

1 又名土库曼家鼠，现更名为*Rattus pyctoris*。

登、走索（rope-walking）能力比黑家鼠差，但仍可称为高手。目前其分布范围已扩大到新西兰、夏威夷、复活岛，不过由于抗寒能力欠佳，未广泛扩散到温带地区。尽管如此，在其分布区域起飞的货运飞机里，常可见其蛰居于货舱中。缅鼠很可能就是利用这种方式入侵中国台湾的。专家推测，随着全球变暖，这种老鼠极有可能向北扩展分布范围。

拟家鼠的分布范围较小，目前只见于中国西南部以及阿富汗、尼泊尔等地。它夏天多生活在草原、森林，到了冬天才入侵人类居室避寒，行为略似在屋外活动的黑家鼠。然而与黑家鼠不同的是，拟家鼠有贮藏食物的习性，曾有在其窝穴发现数千克胡桃、苹果的记录。大足鼠比拟家鼠的分布范围广，见于中国大陆南部、喜马拉雅山麓地域、缅甸北部、越南山地，甚至印度尼西亚苏拉威西岛、新几内亚西部，有“喜马拉雅黑家鼠”的别名。它的主要活动场所为农耕地，但也出没于人类居室中，生活习性虽然与栖息于高海拔地区的老鼠类似，然而分布范围只限于上述地域，到底哪些因子限制它的分布，至今未详。

至于黑家鼠，多位专家认为它最早出现在马来半岛，从其极佳的攀登能力来看，应是生活在密林中的。但在今日的原始热带雨林中，并未看到黑家鼠活动，因此黑家鼠活动的“密林”，很可能是有人生活、树木较稀疏的森林或森林边缘。黑家鼠对环境的适应力比前面提到的大足鼠等三种老鼠强，因此它能迅速扩散，繁衍于世界各个角落。

褐家鼠的原产地可能在中亚东部至中国边境附近，从其高超的游泳技能来看，它应是在沼泽地活动的老鼠，有肉食性的倾向。由于树上可提供的动物性蛋白较少，它不需要爬树觅食，因此没有发展出黑家鼠那种优异的攀登能力。也因为不必在高处爬行，它的体形较为粗胖，尾巴比较短，脚底的肉垫发达程度也不如黑家鼠。像生活在东南亚地区稻田附近的稻田家鼠（*R. argentiventer*）一样，因为脚底肉垫不

发达，不善于攀树，所以在地面挖洞造窝。不过褐家鼠还是具有起码的爬树能力的，也可以沿着直径1厘米、长1米的电缆走。由于褐家鼠的抗寒能力比黑家鼠强，因此人们认为褐家鼠的原产地比黑家鼠更靠北。在阿拉斯加的民居中仍能看到褐家鼠走动，在户外也可见到尾巴、四脚或耳朵被严重冻伤但仍能活动的褐家鼠。

就老鼠与人类接触的程度来看，有些鼠种完全生活在人类的生活圈外，这些鼠种可谓纯野生的鼠种，有些鼠种与人类有密切的关系，但不在室内栖居，其中最典型的就是为害农作物、被农林业视为破坏者的鼠种，即所谓的“近家栖鼠”。此外，也有以人类居室为主要栖所的家栖鼠，即“家栖性”的鼠种。

以分布在马来西亚的4种老鼠，即缅鼠、稻田家鼠、马来家鼠（*R. tiomanicus*）与沙巴长尾大鼠（*Leopoldamys sabanus*）为例，缅鼠可算作家栖鼠，虽然在草原、林缘地也能看到，但主要在村落活动。稻田家鼠是著名的水稻破坏者，多出没于草原地带。马来家鼠主要分布于热带雨林，由于脚底肉垫发达，善于攀树，是油棕园里的头号破坏者。它大多生活在村落草原，偶尔出现于林缘地。沙巴长尾大鼠尾巴长，善于攀树，多生活在常绿树林中，在村落里完全看不到它的身影，可以说和人的生活没有什么关联，在《马来西亚农林破坏者》的名录中看不到它的名字。

为什么稻田家鼠、马来家鼠被列为破坏者，而不出现于居室中，只有缅鼠成为家栖鼠？到底成为家鼠需要具备什么样的条件？缅鼠、黑家鼠、褐家鼠之所以获得家栖性，关键似乎在于它们越冬的方法。若不依赖人类，它们就无法度过天气寒冷、食物缺乏的冬季。

就鼠类而言，冬季是决定它们存活的关键时节，经过春夏秋三季的繁殖期，它们的族群成员明显增加，需要更多的食物，但在冬天食物的供给量剧减，因此在原野生活的鼠种，到了秋末，便在窝穴或隐蔽处开始贮藏食物，或者在体内贮积大量的脂肪，作为越冬期间所需的能源。少数鼠种甚至采取休眠的策略，以减少体力的消耗，或大群聚在一起维持体温。其中以贮藏食物及贮积脂肪的策略，最常为野生鼠种所采用。其实古时候的人也一样，为了过冬也会在秋季贮藏粮食。至于家栖性老鼠，它们的贮食能力和贮脂能力通常都比野生鼠种差，正因为如此，它们才走上家栖之路。

先来谈贮脂性老鼠。它没有在窝里贮藏食物的习性，也不固守自己的窝，必要时会弃窝而去。它往往趁水稻等农作物成熟时取食大量的食物，以脂肪的形式蓄积于体内，作为过冬之用，就像候鸟于迁徙前在体内贮积大量脂肪一样。一般来说，不造定居性窝穴而四处流浪的老鼠多半具有高超的贮脂能力。

分布在泰国、中国南部的黄毛鼠（*R. losea*）就是典型的贮脂性老鼠。它体长16厘米，尾长15厘米，算是较大的老鼠，也是台湾田野中最常见的野鼠，冬天体重约150克，其中一半是脂肪的重量。水稻大害稻田家鼠也是贮脂性甚强的鼠种，为了觅食一晚走动的距离可达200米。当附近的水稻收获完毕、没有食物时，为了寻找未收割的稻田，它还会迁移更长的距离。在实验室以充足的饲料饲养稻田家鼠，可以将它养得肥嘟嘟的。

至于采用贮食策略过冬的，以被归为“广义的野鼠”的松鼠最为人所熟知，其他如大林姬鼠、日本姬鼠、普通田鼠、灰棕背䶄（*Craseomys rufocanus*）等狭义的野鼠，也都具有贮食性。分布在亚洲热带地区的小板齿鼠（*Bandicota bengalensis*）虽然多是体重约200克的中型老鼠，却常在窝穴里贮藏数千克甚至超过10千克的谷类，因此在尼泊尔有专找小板齿鼠窝穴的人，他们挖出里面的谷类拿到市集

去卖。解剖小板齿鼠的身体，可知以植物性食物为主，体内并未贮积脂肪。

尼泊尔的首都加德满都在10月至次年4月之间，田间几乎没有小板齿鼠可吃的食物，因此小板齿鼠只好依靠自己所贮藏的食物维持生活。体重200克的小板齿鼠，每天采集相当于其体重1/10的谷子，7个月下来要采集4千克左右的食物。为了妥善贮藏这些越冬的食物，小板齿鼠通常建造长达10米的隧道型窝穴，并且不让其他老鼠进入同居，领域性非常明显。除了哺乳期的雌鼠会与自己的幼鼠同居外，甚少看到雌雄同居于一窝的小板齿鼠。小板齿鼠的活动范围很狭小，为了避免找不到自己贮谷的窝穴，以及节省体力，它移动的距离大约只有10米，反正旱期出去觅食也找不到适当的食物，如果遇到捕食性天敌而丧命，岂不是更划不来。小板齿鼠的另一个特殊习性是以泥土封闭窝穴，让窝内的温度维持在15℃，相对湿度维持在98%以上，营造出既舒适又可降低代谢作用的生活环境。虽然小板齿鼠主要在农耕地活动，但在印度孟买、加尔各答等都市的郊区，也常可见到它入侵仓库取食谷物，很明显，小板齿鼠有成为家栖鼠的倾向。由于小板齿鼠带有强烈的攻击性，当地原有的黑家鼠、褐家鼠有日渐减少的趋势。虽然如此，小板齿鼠并未放弃造窝和贮谷的习性。小板齿鼠是否会随着它所生活的农村地带走向都市化，而摇身变为纯家栖鼠，值得进一步观察。不过小板齿鼠要在人类的生活圈立足，只靠它的攻击性是不够的，还要具备褐家鼠、黑家鼠那样的警戒性，或如小家鼠般神出鬼没的行动能力才行。

主要在森林、林缘地活动的日本姬鼠、大林姬鼠，偶尔也会入侵山庄或郊外的房屋，但它们的生活范围还只限于郊外，不会再进一步进入都市，因为对它们来说，野外的生活环境很舒适，它们早已适应，更何况它们具有贮食越冬的习性。它们就像《伊索寓言》中的乡下老鼠，在城市住不了多久，就会回到原来生活的地方。

褐家鼠虽然名列三大家鼠之一，但详细观察它的习性，会发现它可说是“朝家鼠化发展”的老鼠，因为为了防止饥饿，有时候它会在窝中贮藏食物，并且它也具有一点贮脂性。例如，在日本一所巧克力工厂里，曾捉到体内有大量脂肪、体重达570克的大型褐家鼠，并且人们发现它在机房里贮藏了不少巧克力，由于它是在4月间被捉的，所以这显然不是为了越冬而贮藏的食物。原来只要有适当的食物，在任何季节它都保持着贮食性及贮脂性。正因为褐家鼠的贮食性与贮脂性不能顺应季节的变化，所以它仍需要依赖人类生活。

其实小家鼠也是半独立的家栖鼠，它不具备贮食性及贮脂性，在草原、田地安全越冬的概率很低。不过由于身体小，所需的食物不多，有时它们也能靠田间残余的农作物活到翌年春天。

如此看来，典型的家栖鼠非黑家鼠莫属。如前所述，黑家鼠本是在树间活动的鼠种，贮存脂肪会让身体变胖，对它在树间的活动弊多于利，再加上树上没有贮藏食物的地方，因此它并未发展出贮食性及贮脂性。当它有机会入侵人类的生活圈时，它就变得完全依靠人类生活。由于不具有贮脂性，黑家鼠不适合进行长距离的迁移，只能定居于狭小的场所，提高天生的警觉性与人类斗智，以求生存。其实现代的建筑物，不但终年温度、湿度变化少，屋里也有充分的食物，对原产于热带地区、没有特殊越冬本领的黑家鼠而言，堪称极佳的生活环境。

总结来说，老鼠的越冬策略可分为贮食、贮脂及依赖人类三大项，没有贮食及贮脂能力的鼠种发展成家栖鼠，而贮食性及贮脂性愈强的鼠种则变成愈典型的野鼠。

家鼠争霸世界的过程

对人类依赖性较强的褐家鼠、黑家鼠，通过人类的交流、贸易，扩散到世界各地。它们的扩散方法依种类、地域而异。

正史记载，黑家鼠是在十字军屡次进攻中亚的12至13世纪进入欧洲的，至14世纪才到达苏格兰，其间相隔100多年，原因不外乎英格兰食物条件欠佳，严重影响黑家鼠登陆英格兰后的进军速度。虽然在中世纪欧洲的城市、村落都能看到黑家鼠的踪影，但至今未发现黑家鼠随十字军回国而入侵欧洲的可靠证据。根据考古学研究，黑家鼠进入欧洲是更早以前的事。例如在英格兰第5世纪罗马驻军时代残留的水井中，曾发现黑家鼠的遗骸；在科西嘉岛第6世纪的遗迹中，也曾找到黑家鼠的骨片。此外，在撒丁岛公元前3000年至公元前2000年的洞穴遗迹、克里特岛大冰河时代更新世的洞穴遗迹以及德国湖沼居民的生活遗址中，也曾发现黑家鼠活动过的迹象。

虽然在希腊、罗马时代的史料中，找不到有关黑家鼠的记载，但可以看到有关6世纪后期意大利北部鼠疫大爆发的记录。由于当时褐家鼠尚未入侵欧洲，造成该次鼠疫大流行的帮凶显然是黑家鼠。当时上至王公贵族，下至市井小民，全都笼罩在死亡的阴影里，公元590年罗马教皇因鼠疫过世，更加深了人们对此疫病的恐惧。从6世纪起，鼠疫大致以12年的周期发生，至14世纪，更是出现了西洋史上著名的大流行。1284年吹笛人的传说，不过是揭露出人们对黑家鼠肆虐的恐慌。

1492年哥伦布横越大西洋、发现新大陆，之后过了不到100年，也就是16世纪中叶，别名“船鼠”的黑家鼠已在中南美洲现身，至18

世纪初期立足于北美。然而黑家鼠后来不敌在1775年独立战争初期入侵的褐家鼠，在无情的种间竞争中居于下风，数量开始减少。

随着西欧人的航行，北美洲的黑家鼠在1788年入侵澳大利亚，在19世纪初期立足新西兰。现存的数据显示，在库克（James Cook）船长于1769年到达夏威夷、澳大利亚和新西兰之前，这些地区不见黑家鼠出没。虽然黑家鼠的原产地是东南亚，但它们经过欧洲，绕了一大圈才到澳大利亚、新西兰。在南太平洋群岛的史前遗迹中，与黑家鼠生活习性类似的缅鼠的骨片出土于地层较深处，而黑家鼠的骨片则只在地表采集到，由此可以得到佐证。若是深入探讨、比较黑家鼠与缅鼠的习性，不难归纳出鼠类扩散、立足的基本条件与因子。

此外，在黑家鼠的原产地即处于东北方的中国北京猿人遗址中，

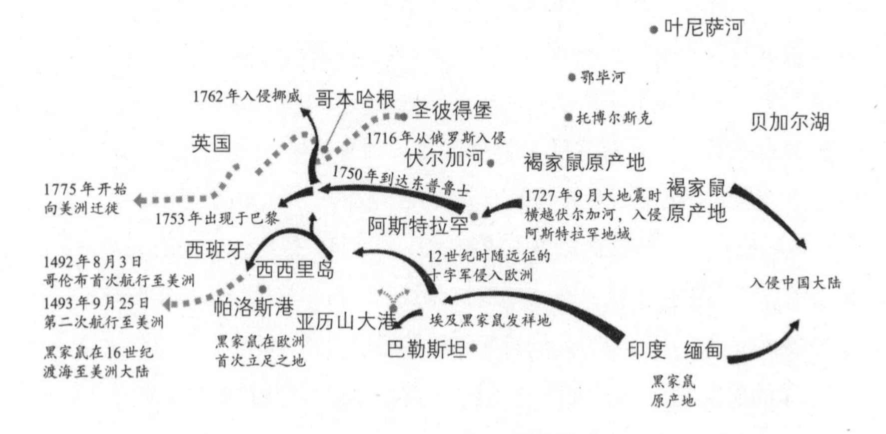

两种家鼠扩散的路线

也曾挖掘出不少黑家鼠的骨片。虽然老鼠之类小型哺乳类动物的骨片，在自然界及地层里受到酸性物质的作用，容易分解，但北京猿人似乎是将黑家鼠烧烤后取食的，因为在草木灰中采集到了不少相当完整的骨片。由此可知，在距今50万至20万年前，黑家鼠已扩散分布到中国大陆北部。此外，在朝鲜半岛与日本更新世中期的遗迹中，也发现了黑家鼠的骨片。

上述这些出土的骨片，证明人类自史前时代即有采集及贮藏某些野生果实、种子来取食的习性，尤其在亚洲，所谓的“五谷”的栽植历史悠久。考虑黑家鼠以谷子、种子为主食的食性，东亚地域很早就有让黑家鼠立足的充足条件，因此在北京猿人生活的遗址中发现黑家鼠的骨片，是可以理解的事。

至于另一种主要的家鼠褐家鼠，从它善于游泳、离不开水等的生活习性来看，它的原产地可能是中亚东部的沼泽湿原地区。根据历史记载，褐家鼠的原产地曾发生过一次大地震，摧毁了一些部落，在此栖息的褐家鼠便成群向西迁移并渡涉伏尔加河。进入俄罗斯的部分褐家鼠继续往西前进，其中一小部分搭上俄籍船只在1716年登陆丹麦，至1720年已到达英国。褐家鼠自18世纪末期至19世纪初已深入法国、意大利、西班牙、瑞士等地，可说是征霸整个欧洲。登陆英国的褐家鼠更是在1757年于伦敦猖獗为害，由于当时英国与挪威在外交上时有摩擦，因此英国人把令人厌烦的褐家鼠比喻为“如挪威人般的动物”，褐家鼠的英文别名“挪威鼠（Norway rat）”就是这样来的。在英国立足且肆虐的褐家鼠，后来搭船横越大西洋，在1775年现身于美国东部，大约也在这个时候入侵澳大利亚、新西兰。1809年，在法国巴黎还传出褐家鼠把拿破仑用来当早餐的面包吃掉的趣事。

褐家鼠自从越过伏尔加河后，在短短40年间征服全欧洲，并且远征到大西洋对岸，其生命力之旺盛、生存潜力之大，令人惊讶。据估算，褐家鼠花了13年的时间走完从伏尔加河到巴黎长约3500公里的直线距离，虽然途中可能利用船、马车等交通工具，但无论如何，一年约以270公里的速度西进。

接下来谈褐家鼠东进的过程。虽然也有褐家鼠在6世纪时出现于朝鲜半岛的说法，但一般认为在18世纪初期，才有一些褐家鼠沿着丝绸之路东进。根据俄国的资料，褐家鼠在17世纪、18世纪入侵西伯利亚，此后继续东进，最后到达太平洋西端的日本。虽然关于褐家鼠入侵日本的时间并没有明确的记录，但1806年在东京发生的“丙寅大火”暗示了褐家鼠的存在。[1]因为此次大火肇因于老鼠为了舔食纸灯里的菜籽油，翻倒油盘，致使火苗蹿烧到周围的纸门及榻榻米。从鼠类的食性推测，喜欢舔食油脂的老鼠，应该是褐家鼠，而且从黑家鼠轻巧的动作来看，它应该不会翻倒油盘。

为什么褐家鼠能以某种原因大爆发，进而展开西征东进的旅程，并且在短时间内繁衍于沿途各地，建立起庞大的族群？旺盛的生命力及鼠算般的繁殖力，当然是关键因素，然而另一个值得考虑的因素是，新入侵地并没有令它丧胆的天敌。其实这并不是褐家鼠入侵时独有的现象，当一种生物入侵一个新场所时，常因为没有强悍的天敌环伺，而在短期内产生爆发性的增长。19世纪末期，吹绵蚧（*Icerya purchasi*）从澳大利亚入侵美国，此后入侵中国台湾、日本，重创当地的柑橘栽培业就是一例。

就褐家鼠而言，在原野有野狼、黄鼠狼、老鹰等天敌的捕食威胁，但一旦进入村落、都市，不仅食物充分，环境也变得较安全，因为人类

1 基因研究发现，褐家鼠起源于东南亚，约17.3万年前从东亚南部迁往东亚北部；在大约3100年前，由东亚南部往中东迁徙，紧接着在大约2000年前往非洲迁徙，约1800年前迁往欧洲。

的频繁活动让褐家鼠的天敌怯于现身，间接为褐家鼠提供了安居的场所。

至于也是家栖性老鼠的小家鼠，由于身体娇小，常被当成褐家鼠或黑家鼠的幼鼠，它们的原产地及分散路径目前皆不详。虽然小家鼠的小巧的身体不利于它与黑家鼠、褐家鼠的种间竞争，但今日密闭型的建筑物、车辆、船舶、货柜充斥各地，对大型家鼠的入侵有极佳的阻止作用，进而起到为小家鼠排除竞争者的效果，因此在空运货物中偶尔也可以发现小家鼠的身影。

过去黑家鼠因为善于通过攀走船缆钢索潜入船舶而有“船鼠”的别名，但随着船舶构造及设施的改善，登上船舶的黑家鼠甚难进入船舱、货舱取食，反倒是小家鼠借着小巧身形的优势，得以利用小空隙出入、偷取食物。此外，小家鼠的耐饿性、耐渴性很强，能忍受数天的饥饿，在不佳的条件下依然保有存活的斗志，因此目前“船鼠”的称号已有从黑家鼠移交给小家鼠的趋势。其实若照目前黑家鼠多在码头或港口附近仓库活动的状况来看，黑家鼠应从船鼠改名为港鼠或码头鼠。总体而言，近代交通、运输工具的发达，助长了小家鼠的分散速度及分布范围，当我们成功地驱逐褐家鼠、黑家鼠后，小家鼠恐将转而成为威胁我们生活的重要灾患。

乡下老鼠和城市老鼠

先来温习一下《伊索寓言》中“乡下老鼠和城市老鼠”的故事吧。乡下老鼠与城市老鼠是好朋友，有一次城市老鼠邀请乡下老鼠来它的住所做客。乡下老鼠虽然在都市里吃得好、住得好，但四伏的危机让一向过惯安静生活的它战战兢兢，最后它决定提早结束做客生活，返回乡下。虽然故事没有提到是哪一种老鼠，但从它们的习性推测，城市老鼠应是褐家鼠，乡下老鼠应是黑家鼠。

进一步来看，有时黑家鼠的确会入侵（不是被邀请）褐家鼠的生活场所，但褐家鼠较凶暴且体形较大，在它的攻击下，警戒心较强的黑家鼠还是会被赶出去的，所以这则故事虽然需要做一些修正，但还是反映出老鼠的基本习性。为何褐家鼠可以算是城市型老鼠，黑家鼠则是乡下型老鼠？不妨先来看看以下两个调查事例。

在日本东京西边约40公里处，有个小城市叫厚木市，1945年日本战败投降后，美国麦克阿瑟将军奉命进驻日本，他的座机就是在这里的机场降落的。根据该市1970年的报告，过去几年每年2月间该市市区捕获的老鼠，95%是褐家鼠。其中70%在市民常出入的卧房、餐厅、厨房等处捕获，20%在贮藏室捕获，其余10%在屋外。可以这么说，在市区褐家鼠是压倒性的优势鼠种。更仔细地分析，大多数褐家鼠在厨房附近捕获。由于都市里家家户户贮藏的食物量不多，屋子里的褐家鼠多靠流入下水道的剩余饭菜维生，因此不善游泳、喜欢干燥的黑家鼠很难在此立足。

而乡村气味仍然较浓的郊区，则是黑家鼠的天下。在郊区捕获的老鼠中，约有15%是在人们活动的房间里捕捉到的，而且全都是黑家鼠，剩下近九成的老鼠在贮藏室、谷仓中捉到，其中褐家鼠与小家鼠只各占5%和2%。黑家鼠之所以能以霸主姿态立足，是因为农村的贮藏室藏有大量的谷物，加上贮谷容器之间的空隙提供了绝佳的隐藏所。类似的情形在其他城市的调查中也看得到。不过，老鼠并非平均分布在每一户人家，褐家鼠最常出现在肉铺、鱼店等以肉品为主的商店里，它们在地板下造窝，在厨房觅食，因此这些店往往成为褐家鼠向其他各处分散的据点，调查人员就曾在一家餐厅一次捉到13只褐家鼠。

泰国首都曼谷在1980年代也出现过类似的情形。褐家鼠虽然原产于中亚地区，耐热性较差，不太适应热带地区的生活，但由于曼谷水源充足，褐家鼠在此立足不成问题。在这里捕获过不少体重超过500克、发育良好的超大型褐家鼠。此外也捉到过一些缅鼠，但不见黑家鼠。时至今日，曼谷市中心大部分的运河都被填平，兴建成街道，但市郊存留的一些中小型运河，仍能为褐家鼠提供充足的生活条件。此地房屋较简陋，有利于黑家鼠、褐家鼠等大型鼠种进出，而且食物也不少，照理说与缅鼠习性类似的黑家鼠应该能在这里存活才对。黑家鼠在此地缺席的原因至今仍不详。不过在曼谷市区的有钱人家里可以看到黑家鼠，原因是他们拥有可以种树的大庭院，为树栖性的黑家鼠提供了适宜立足的栖所，爬上树干的黑家鼠更是趁机爬进屋内觅食。当然在这种地方仍能见到褐家鼠活动，因为褐家鼠是在地面活动的鼠种，多在下水沟或地面挖洞筑窝，再从此处入侵房屋。

虽然黑家鼠最早成为家栖鼠，但由于农村地带以平房或两层楼的矮房子居多，过去城市里也少有高楼大厦，且房屋构造更适合后来才入侵但更有竞争力的褐家鼠，黑家鼠渐渐失去优势地位。而对偏向肉

食性的褐家鼠来说，野外及乡下肉类较少，定居于人类住宅区附近、取食人类的食物，是救亡图存的好策略。尤其食物丰富的厨房大多设在一楼，便于褐家鼠走动、觅食，因此褐家鼠转型为城市老鼠，让更早在人类住宅区居于上风的黑家鼠，不时得面临与褐家鼠的种间竞争。褐家鼠不仅比黑家鼠大，而且攻击性强，繁殖力强，黑家鼠根本不是它的对手，只能被赶出屋外，在褐家鼠不出没的地方讨生活。对以谷实类为主食且耐渴性较褐家鼠强的黑家鼠来说，田间、野外的生活条件并非难以承受，因此它便以“乡下老鼠”的生活模式立足。

此外，人们饮食生活的变化也是探讨黑家鼠和褐家鼠势力消长时不可忽略的因素。在城市里，随着经济的发展，人们的饮食习惯有所改变，其中最明显的就是对鱼、肉等动物质摄食量的增加。以日本为例，1930年代平均每人一天摄食的肉量只有7克，但现在已增加到40克以上，可以想见，褐家鼠能取食的肉品也增加了，再加上房屋构造的改变以及食品、剩菜、厨余处理方法的改变，促使黑家鼠陷入“居不易”的困境。此外，水沟及下水道的普遍设置，也让褐家鼠能够自由出入，改挖水沟附近的土来造窝、繁殖后代，不再局限在容易受人干扰的房屋中造窝。另一方面，由于剩余的饭菜都流到水沟里，对喜欢干燥环境的黑家鼠来说，无异于致命的断粮措施。根据大阪市的资料，在1950年时，褐家鼠只占所有捕获老鼠的24%，其余都是黑家鼠，但到了1968年，褐家鼠竟增加到92%。

看来，环境的变化对老鼠社会成员结构的影响，是我们必须要注意的。因为防鼠的目的在于减少家鼠的为害，甚至扑灭它们，防治的对象并不限于特定一种老鼠，若忽略每一种家鼠对环境的偏好及彼此间的竞争关系，往往会出现侥幸灭除一种老鼠，却促成另一种老鼠肆虐的“引狼入室”事件。

家鼠在城市里的“无血革命”

由于褐家鼠是在地面活动的鼠种，黑家鼠为适合树间活动的鼠种，且褐家鼠的竞争力强于黑家鼠，因此在以低楼为主的城市里，褐家鼠成了主要的家栖鼠。但随着城乡的都市化，不少地方出现不少几十层楼的大厦，台北甚至出现“101大楼”，如此的变化引起褐家鼠与黑家鼠间势力的消长。

虽然1970年代至1980年代的台北是褐家鼠的天下，但并非所有的黑家鼠都被赶到了郊外。因为动作轻快、善于登攀及逃跑的黑家鼠，仍能在建筑结构或装饰中，以及置放书柜、家具之处，找到适合藏身的地方。凡是褐家鼠不能进去的小空间与小洞穴，都是黑家鼠可以放心生活的乐园。当时一般认定“高楼层是黑家鼠做主，低楼层是褐家鼠的住宅区，如此分隔活动范围”。但其实它们的活动范围并不一定有明显的分隔，黑家鼠也会出现在低楼层。此外活动时间的分隔也应考虑进去，因为老鼠虽然大多在夜深人静时觅食，但不会整晚都觅食，当强势的褐家鼠吃饱回窝后，黑家鼠会出来觅食。现在不少百货公司把餐厅设在顶楼，而以地下层为美食广场及食品贩卖部，在这些场所活动的老鼠便就地取材，以所能找到的食物维持生活。不过在都市化初期，像那种高低楼层都有老鼠可吃的东西的大楼毕竟不多，此后随着一拨拨都市开发计划推出，高楼林立，早先在百货公司立足的黑家鼠趁机扩大了生活范围。

由于楼层数愈高的大楼，白天办公或出入的人愈多，有些人就想到了在大楼里开设餐厅、咖啡店的点子，如此一来，大楼更是成为黑

家鼠觅食的好地方。白天由于进出办公的人多，胆小且警觉性较高的黑家鼠通常不会出现，除非它们的密度过高；换句话说，如果白天能看到老鼠活动，就表示此处有不少老鼠居民。

晚间人们下班后，办公大楼往往就变成黑家鼠活动、觅食的天堂，中午残存的盒饭、剩菜，边办公边吃零食的人掉落在地上的薯片、爆米花、饼干碎屑，就是黑家鼠就近可得的佳肴，正如《伊索寓言》所勾勒的画面，乡下老鼠到了城市后就能享受一顿美食。但不同的是，现代的黑家鼠幸福到几乎每天都有美食等着它，也没有用人、猫之类的角色现身干涉，可以专心享受美食。不论是高楼里面的咖啡厅、餐厅还是办公室，里面都有许多家具、柜子，甚至较少打开的抽屉，可作为它们白天躲藏，甚至造窝繁殖的居所。

在这样良好的条件下生活，黑家鼠自然繁殖得相当迅速，当密度过高时，部分成员会自动分散到别处。此时它们不必下到褐家鼠安居的低楼层，只需凭借爬钢索的轻巧身手，沿着电线迁移到四周的大楼，在那里建立新地盘。对褐家鼠而言，连接数个大厦的地下通道、下水道，甚至地下街，都是绝佳的活动场所，不仅如此，晚上路旁还有垃圾、剩菜，甚至醉客呕吐的食物，供它们取食。

想要一探鼠踪的人，不妨到小吃店密集之处的餐厅偷偷观察一番，坐在尽量靠近厨房的座位，点个东西，边吃边留意。如果这里有老鼠，某些地方一定会出现老鼠的咬痕、叫声、窝穴、排泄物、脚印，或是走路时身体摩擦壁面留下的黑色印记，甚至还可以闻到老鼠特有的气味，其中又以它走过的痕迹最容易发现。因为通常在这类地方活动的老鼠身上都带有一些油脂，当它走动时，身体碰到墙壁，会在墙面上尤其是墙角，留下黑色痕迹，这些污点就是老鼠走动过的证据。此外，当你翻动沙发椅垫或移动椅子，说不定也可以看到老鼠的粪便，或它

们以手巾、破布、塑料袋、纸屑所制造的鼠窝。坐在愈靠近厨房的座位，发现这些痕迹的机会愈高，因为老鼠主要的觅食场所还是厨房。理由很简单：多数店员打烊后或是太累，或是赶着下班，常常草率地收拾东西，到次日上班后才重新整理准备开店。可想而知，一些饮食店集中的地方容易成为老鼠的乐园。

虽说黑家鼠靠电线就可以轻松地迁移到他处，但低楼层也常是黑家鼠和其他鼠种的出入口。尽管现代建筑物的门、窗户都采用密闭式，让老鼠无法由门窗进出，但后面或侧面搬运货物的出入口却是老鼠可以善加利用的据点。这些地方的密闭性通常很差，虽然也有铁卷门，但门与地面之间总有1～2厘米的空隙，足以供小家鼠及黑家鼠、褐家鼠的幼鼠自由出入。而只要通过这道门，就可以直达收藏众多商品的仓库，进而入侵商品销售部。尤其白天收纳铁卷门的圆筒部分有更大的空隙，正好让善于攀登的黑家鼠利用它进入大厦里面。

由此可知，看似不易遭老鼠入侵的大厦，其实在防鼠上留有不少死角。警觉性高的黑家鼠更因为天生具有抗性，不易被抗凝血性杀鼠剂杀死，逐渐在高楼林立的现代都市中成为最具优势的家鼠。

家鼠成灾

在高楼大厦里的老鼠靠取食剩饭剩菜维持生活，若是排水沟没有太多水，它还可以清一清里面的菜渣残食。如果它们这么安分，只是偶尔取食我们不吃的食物，不但不会给我们造成太大的金钱损失，而且还有替我们清理厨余的善后作用，可谓益大于害，那它们至少是我们可以容忍的动物。一些餐厅对驱鼠不太积极，就是出于这个理由。

其实老鼠给人印象深刻之处，还包括咬损家里的装饰品、丝卷、纸张、书本及其他可供其做窝的东西，或者为了磨牙而啮咬一些硬物。这些损失也许不大，但若是在商店里，灾情可就不一样了。例如婚纱店里有许多华丽的新郎、新娘礼服，如果老鼠在此造窝，或是在服饰店高价位的皮夹克、皮鞋上咬出一个洞，在名牌衣服、布料上撒尿，留下一些污斑，此时经济损失就很可观了，因此这些店家通常很注重防鼠。

老鼠对公共设施的为害也不可忽视。例如有些大楼或店铺的防火器竟被老鼠破坏，自动喷出消防泡沫，造成混乱的场面；也有火警自动警报系统遭到老鼠破坏，酿成巨灾的惨剧。有时光是老鼠在建筑物墙壁、天花板上奔走的声音，就令人心烦，不得安宁，甚至在房屋出租、出售时拉低房价。有些空调的排水管被老鼠咬破，造成底楼商品浸水报废，因此已有一些公司积极开发防鼠咬的排水管。

其实在大都市因老鼠而起的灾害随处可见，只是大部分商家或公司怕影响声誉，不愿消息外泄，再加上这些灾害大多在打烊后的夜间发生，一般顾客不易发现。

至于老鼠对交通系统的危害，更是令人摇头。在东京一个车站曾发生一起小火灾，起因是一只黑家鼠以丝片、棉屑为材料，在大型热水器的点火器上造窝。由此而起的浓烟蔓延到整个车站内，车站只好紧急疏散乘客，电车也停止营运半个小时。由于该热水器前一天点火使用时，并未有任何异常，所以那只黑家鼠应该是在一夜之间筑好窝的。只是一只黑家鼠，就影响了上万位乘客的行程。附带提一下，黑家鼠造窝的速度相当快，通常两三个小时内就能搬来手巾、丝屑等材料，而这些都是可燃物质！

其实一般家庭因为老鼠在热水器上造窝而引起小火灾的，也屡见不鲜。但更麻烦的是因为瓦斯管或电线被老鼠咬破而引起电线走火，导致火灾。消防机构在调查失火原因时，往往没想到祸首是老鼠，而以不明原因失火或电线走火而结案。电线走火不是小意外，虽然波及范围有时只限于周围几栋房屋，但是有时也严重到引起变电所停电，这种时候受灾范围常是一整个地区。此外，也曾发生老鼠跑进医院配电柜内被电死，然后引起整个医院电路短路而停电的意外事故。类似原因造成交通信号系统故障，使交通陷于瘫痪的案例也不少。尤其地铁冬暖夏凉，有不少可供老鼠躲藏的死角，也有乘客吃剩的食物，很容易成为家鼠，尤其是褐家鼠的乐园。幸好台湾的捷运系统禁止乘客饮食，若是解禁，后果将不堪设想。根据东京附近一所电力公司工作站的资料，在1988年共发生19起受电及送电上的事故，其中7起与老鼠有关，起因于老鼠利用小小的空隙入侵配电设施。其实会干这种事的不只是老鼠，老鼠的宿敌蛇也曾造成类似的意外。虽然一些电机公司努力开发用驱避性物质包裹的防鼠用电线，但看来离实用还有一段距离。在进入信息化社会的今日，计算机的重要性不言而喻，幸好拜科技进步所赐，现在的计算机安全措施较为完善，较少受到鼠害。但在1970年代，计算机因为鼠害引起的故障率高达10%。试想，计算机若因受到老鼠啃咬或撒尿而发生故障，银行、股票交易、警报传送、各种货物的管理等，必然大受影响。如果老鼠想取代人类称霸世界，最有效的办法应是集中火力攻击人类的计算机。

当然家鼠造成的危害不只是前面所提到的，它对农林业的影响之大，是有目共睹的。关于它所造成的严重危害，后面一节将会详谈。至于家鼠在疾病传播中所扮演的角色，更是不容忽视，在“老鼠万花筒”中会有较详细的介绍。

对抗家鼠的三大原则

本篇一开始就提到，家鼠与野鼠之间没有明确的界限，因此这里所谈的防治虽以家鼠为主，但也略及野鼠的防治原则。防治家鼠的方法不少，例如以含有杀鼠剂的毒饵灭鼠，在老鼠常走动的地方设置捕鼠器或粘板等，这些措施若是运用妥当，必然会有极佳的防治效果。但关键是老鼠繁殖力惊人，又有无洞不入的习性，若是考虑不到这点，老鼠再怎么杀也杀不完，我们只能落得疲于奔命，最后对防鼠工作灰心，而让老鼠继续蹂躏。其实不管我们使用哪一种方法，都要做好一些基本的准备工作，而且说不定只做这些，就能收到很不错的防治效果。

前面提过，老鼠有以“鼠算”著称的惊人繁殖潜力，每天的取食量大约为体重的1/4至1/3，这是没有特殊武器的老鼠所能采用的最佳存活策略，也是它的繁衍特性。但从另一个角度来看，旺盛的食欲也是老鼠生命中的一大弱点，在没有食物的地方，它便失去在此生活的意义，只好搬家，另找可以喂饱肚子的新居。因此对老鼠采用“断粮战术”不仅最有效，而且是一般家庭容易做到的最基本的防治措施。

家鼠最主要的觅食场所是厨房。若把所有可当老鼠食物的东西收进老鼠不能入侵的冰箱、柜子或密封容器，该丢的剩余饭菜也放在老鼠不能打开的桶子里，彻底清除掉在地板上的食物碎屑，让家鼠处在一个无粮的环境，那么只需两三天，具有旺盛食欲，亦即耐饿性差的老鼠，就会濒于饥饿边缘，此时若再施放一些毒饵，它们很容易饥不择食地取食而遭到扑灭。运用这种战术最好以一个地区为单位，家家户户同时进行，这样效果较好，否则老鼠只是到隔壁觅食，饱餐一顿后又回来作怪，充其量只收到让老鼠住食分离的效果。不过，此时往往不必再施放毒饵，饿慌的老鼠就开始自相残杀，或自知此处非立足之地而主动迁出。

其实“断粮战术”不仅适用于防治家鼠，对野鼠也能奏效。当然，要在野外全面采取断粮措施很难，更何况很多野鼠具有贮食性。不过我们仍可针对不同鼠种的习性，制订相应的方法。例如在温带地区，田鼠常贮藏约10千克的食物，作为过冬之用，但冬季它们一天仍需取食8至10克的食物，10千克的储备量当然不够。因此可以趁着秋冬季它们忍饥挨饿时施用毒饵，这样能够得到不错的防治效果。一般来说，野鼠的防治工作适合在秋冬季野外食物不足的时期进行。

老鼠的第二个弱点是“鼠算”式的繁殖力。大多数老鼠要经过21天的怀孕期产下仔鼠，而生产之前必须准备养育仔鼠用的窝穴。前面所述的旺盛食欲，不外乎为了发挥它的繁殖力。当老鼠在活动范围里找不到适合筑窝的场所或筑窝用的材料时，它会尽弃前功，易地而居，到别处去筑窝生产。

那么老鼠到底在何种地方，以何种材料筑窝？仔细观察可以发现，它们常选择在衣柜、沙发后面或不常被打开的抽屉等隐蔽且不被注意的地方筑窝。筑窝材料包括各种废纸、布片等，这些都是在没收拾整理的脏乱房间里常见的东西，因此把家里整理干净，让老鼠无法在此筑窝繁殖，是基本然而重要的防鼠措施。在野外也可沿用类似方法防治野鼠，即在设置苗圃之前，把附近大范围的土地清理得干干净净，如此一来，野鼠就面临食物缺乏的困境，而且还会因为担心被天敌捕食而不敢在此空地觅食，最后被迫移居到别处。

开辟新的林地时也可以采用这种清地措施，因为此地可当老鼠食物的东西不多，若配合施用一些毒饵，就能降低老鼠密度，让接下来

要种植的苗木发育得更好。不过春秋之季，林床的杂草长得繁茂，此时必须进行大规模的除草，以破坏老鼠生活的环境。若能在造林地周围规划5米宽的空地，不但能阻止野鼠入侵，也可当防火线，可谓一举两得。

在农耕地也一样，由于冬季老鼠多生活在河畔草丛，或在田畦挖洞而居，因此在春天开始种植作物以前，应该割清农田周围的杂草，并烧毁田畦的杂草，破坏老鼠的生活场所，迫使它们远离农耕地。

总之，不论在屋内还是野外，对老鼠而言，失去筑窝之处都是致命性的打击，好比拿破仑远征莫斯科，发现那儿不过是一个没有粮食的废址，因而知难而退。类似的遮断法对老鼠的影响，从日本北海道札幌市的防鼠工作取得的成效就能看出。

在日本，高楼大厦林立的大都市多已成为黑家鼠猖獗之地，然而札幌市却是个特例，在这里黑家鼠较少见。原因之一是，该市商业区主要干道所占的面积较大，虽然札幌也有不少狭小的巷弄，但商业区的干道与日本其他都市相比更宽阔，东西、南北方向各有宽四五十米的大马路，并且每隔100米有一个交叉点，形成棋盘状分布、面积约1公顷的街区。如此一来，不善于在平面移动的黑家鼠很难从一个街区迁移到另一个街区。虽然街区之间另有相互连接的下水道，但这里绝

【日本数个都市商业区1公顷内马路所占的面积】

都市	平均面积（公顷）	变动系数（%）
札 幌	0.42	31
仙 台	0.33	47
新 宿	0.37	52
横 滨	0.35	39
名古屋	0.37	45

大部分是褐家鼠的地盘，对不擅长游泳的黑家鼠来说，不是合适的迁移路线。

虽然观察记录发现黑家鼠可以穿越四五十米距离，但这是将它放在没有隐蔽物的空地上，强迫它迁移时的测定值。生性谨慎胆小的黑家鼠要横越没有隐蔽物的大马路，是需要很大勇气的。加上黑家鼠又是近视眼，视野虽广，但无法看清楚远距离的东西，以这种视力横穿车水马龙的街道很危险。因此札幌市的街区规划对黑家鼠而言，形同一个面积约1公顷、被封锁的孤岛。

当然，一个都市的整体规划很难为了防鼠而大幅更改，但札幌的例子至少可以给我们一些启发。采用断粮及毁窝的防鼠战术，的确可以赶走家里的老鼠，但有些老鼠还是会从外面爬进来，因此除了利用上述两种方法外，还应加上断绝它们入侵之路的“锁口战术”。

锁口战术的基本工作就是找出老鼠“偷渡”的入口。老鼠的出入口是只能让头部伸出的小洞，很不容易找到。例如黑家鼠、褐家鼠等大型老鼠成年鼠的出入口，直径不过3至5厘米。至于娇小的小家鼠，门窗上的小空隙、厨房自来水管与地板间的缝隙，已足够它们进出。所以当你发现老鼠出现时，不要惊动它，静静地开灯，此时老鼠会慌张地沿原路走，它销声匿迹的地方就是它的出入口。如果惊动它，它就不会回头，而会直接钻进附近的隐蔽处，那就很难发现它是从哪里进出的。一旦知道它们的出入口，可以用铁板等封住；但它们可能不会善罢甘休，又会在旁边或别处弄出新的出入口，因此要做好心理准备：老鼠的防治工作是一场长期抗战。

不论采用何种灭鼠或捕鼠方案，上述的“断粮”“毁窝”“锁口”都是三大基本工作。若未彻底执行这些预备工作，虽然施用毒饵或设置捕鼠器也能捕获一些老鼠，但它们不过是整个老鼠族群中没吃饱或

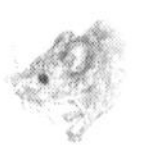

未能拥有自己地盘的弱势老鼠，大批年轻力壮的老鼠仍逍遥法外，对于从整体上控制鼠害帮助不大。此外，在执行这些基本工作时，最好以村落为单位，大家合力防治，才能收到事半功倍的效果。从另一个角度来看，老鼠可说是“公害”。虽然所谓“公害”，指的是人们生产的物质对生存环境及人民健康的破坏，或许会有人认为老鼠是自行繁殖而危害人类，不是人类的生产物，不可列为公害，但想想依附在人类生活圈的老鼠，因为有充足的食物与稳定的生活环境，成员不断快速增加，不像野外的老鼠在繁殖数量过多时，会依靠种群及生理机制来控制或淘汰多余的成员。因此，说人在饲养老鼠，也是有点道理的。一些家庭不做防鼠工作，任凭老鼠在此迅速繁衍，并分散至四周，造成鼠害，这跟一所工厂排出的工业废弃物污染周围环境，引起公害问题，没有两样。[1]

虽然已有“生物公害”这个名词，但它主要指的是内陆水域发生的赤潮危害浮游生物、污染海水，或工业废水影响某地区海产养殖业之类的公害。其实广义来说，因为人们的懈怠或疏忽而大量繁殖、到处肆虐、危害附近居民安宁的蟑螂、老鼠，也可以算是“生物公害”。要成功防治这种公害，得从大范围进行，并且要让大家了解防鼠工作人人有责。

1 公害指各种污染源对社会公共环境造成的污染和破坏，也泛指对公众有害的事物。与这段文字中对“公害”的解读有出入。

第三部分

野鼠篇

野鼠列传

整个鼠科（Muridae）约有1300多种，除了褐家鼠、黑家鼠、小家鼠多在房屋内活动，是公认的三大家鼠外，还有一些老鼠因为地缘的关系，从农舍、山庄侵入房屋，也可算作广义的家鼠。但即使包括这些在内，家鼠的种类还是只有数十种，其他1000多种老鼠，即整个老鼠家族的90%以上，都是我们通常所说的“野鼠”。这些野鼠大多在密林、深山、沙漠等几乎不与人类接触的地区逍遥度日。然而仍有一些种类以农田、林地或放牧地为主要活动场所，变成重要的农林破坏者。

至于分布在农业区的褐家鼠、黑家鼠、小家鼠，虽是所谓的家鼠，但也常出没于农田里危害农作物，此时它们就摇身变成了野鼠。所以，“家鼠”与“野鼠”的区分，完全取决于活动场所的不同，在动物学上并没有严格的分类。本篇除了介绍鼠科的野鼠外，也扩大范围来谈一些与老鼠有关系的鼠科以外的动物。

◆ 台湾最大的野鼠——板齿鼠

板齿鼠（*Bandicota indica*）在台湾叫作鬼鼠，俗名大山和，体长20至28厘米，尾长17至24厘米，是分布于台湾的野鼠中最大者。它虽然与褐家鼠、黄毛鼠、黑线姬鼠（*Apodemus agrarius*）、小家鼠并列为台湾农田常见的5种老鼠，但并非最常见的野鼠。不过由于身体大、目标显著，有关它的调查及资料却是野鼠中较为齐全的。板齿鼠身被粗毛，背面呈暗褐至赤褐色，腹面呈灰黄至浅褐色，身体后半身的毛较长且密，颜色趋近黑褐色。

板齿鼠（*Bandicota indica*）

实验室饲养的板齿鼠一年生产三四次，在两三年的寿命中共生产6至9次，每次产下5至8只仔鼠。刚生出来的仔鼠体重仅10克，身体赤裸呈粉红色，眼睛未张开。一个星期后开始长毛，再经过一个多星期张开眼睛，八九个月后发育为成鼠。解剖野外捕获的约2500只板齿鼠，结果发现，板齿鼠怀孕期几乎都在7月至12月之间，一胎多为4只至6只。

板齿鼠的取食量视其发育阶段而定，换句话说，取食量因体重而有很大的差异。例如一只300日龄、体重900克的雄鼠，一天取食约150克的食物，相当于它体重的1/6，其中甘蔗超过100克。因此在台湾制糖业最兴盛的时期，板齿鼠被列为最重要的破坏者。此外，板齿鼠每天取食的甘薯也多达30克，饮水量达26毫升。除了啃食甘蔗、甘薯等农作物，导致甘蔗倒伏枯死，板齿鼠还会在甘蔗田及其附近的沟渠、堤防上挖掘通道、穴洞，严重影响农民灌溉作业，造成水土的流失。

其实板齿鼠并不是原产中国台湾的老鼠，它广泛分布于印度、中南半岛、东南亚，据传是在17世纪由荷兰人自印度尼西亚爪哇岛引进台湾的，但目前似乎没有足够的证据或记录可以证实这种说法。

1624年至1661年，荷兰人殖民统治台湾期间，把重点放在经济建设上，更直接地说就是以赚钱为第一位，台湾的黄牛、红面鸭（番鸭）、鸽子、玉米、西红柿、辣椒、豌豆（荷兰豆）等都是荷兰人经由爪哇引进的。当时台湾的四大贸易产品为糖、鹿皮、鹿角及蔓藤[1]。当时荷兰东印度公司的亚洲总部设在爪哇的巴达维亚（Batavia，今之雅加达），其下有19家分公司，台南（台湾）分公司即其中之一。根据东印度公司1649年的收支报告，9家分公司亏本，10家有盈余，日本分公司收入最高，约为70万荷兰盾（gulden，1荷兰盾相当于现在的50元新台币）[2]，台湾分公司收入约为47万荷兰盾，光这两家就占了总收入的65%。

其实日本分公司的盈余也大多来自在中国大陆和台湾的转手贸易，由此即知当时台湾经济地位之重要。在这种情况下，荷兰人会故意将甘蔗头号破坏者板齿鼠引进台湾来打击台湾的糖业吗?

唯一可能的原因是，荷兰人为了提升台湾当地的食物质量，以“肉用兽”的名目引进板齿鼠，后来部分板齿鼠从饲养场逃出，在甘蔗田出没，变成甘蔗破坏者。试想，板齿鼠体长近30厘米，肉算是够多的！虽然现在台湾南部仍有专卖鼠肉的餐厅及摊贩，但吃鼠肉的风气一向不像吃猪肉、鸡肉、鸭肉那么普遍。

◆毛皮可当皮草的野鼠——海狸鼠等

在哺乳类动物中，因为花纹美丽或毛质优良而被捕猎或饲养的种类不少，例如老虎、花豹、貂和鼬等。啮齿目动物中，也有些种类因为毛皮可当皮草而成为人类的捕猎对象，例如欧亚河狸（*Castor*

---

1 藤本植物的茎，可供编织各种藤器、家具，是手工业的重要原料。

2 本书出版时间为2007年，作者写作本书时1元新台币约等于0.25元人民币。因此这里所说的1荷兰盾大致相当于12.5元人民币。

fiber)、海狸鼠(*Myocastor coypus*,亦称河狸鼠)、麝鼠(*Ondatra zibethica*)、稻田家鼠、绒毛丝鼠(*Chinchilla lanigera*)等。

先来看看海狸鼠。它原产于南美洲中南部水域,体长40至65厘米,尾长25至45厘米,体重7至9千克,是名副其实的巨型老鼠。它常在水边生活,体形略似河狸,尾巴呈圆筒形,但后肢的脚蹼比河狸的小,而且第四趾与第五趾间没有脚蹼,能以第五趾梳毛。它通常在岸边挖洞造窝,但在浅水区就直接在水中堆草或在草丛中做窝,可以说是纯植食性的老鼠。

海狸鼠一年生产两次,经过120至150天的怀孕期,生下3至6只仔鼠,但也有产下14只的记录。由于母鼠的6对乳头都在身体侧面,因此它可以一边游泳一边喂乳,有时母鼠还会背着仔鼠游泳。仔鼠生下不久就可以行走,经过几天学会游泳,5个月后发育成熟,就可以交配生殖,有12至13年的寿命。

海狸鼠(*Myocastor coypus*)

海狸鼠的毛皮有极佳的防水性，去掉粗毛后类似水獭的皮草，自古即被认为具有经济价值。日本自1940年代开始引进海狸鼠，目的在于补充当时驻守中国东北地区的满洲军的军装，极盛时的饲养数高达4万只。不过自从1945年日本战败后，对海狸鼠皮草的需求量大幅减少，并且发生多起海狸鼠从饲养场逃走的事件。

在1950年代，海狸鼠不仅出现在日本各地的野外，更在河边、池塘附近出没，取食水稻、蔬菜，破坏农田的灌溉水路，因此被日本有关单位列为有害动物。受海狸鼠危害较明显的冈山县，在1950年代每年约捕获2000只海狸鼠，但以其旺盛的繁殖力来看，这只能减缓数量的上升，并没有实质的防治效果。直到1980年代，由于海狸鼠的栖息地水质受到污染，这种老鼠在此地的数量才大幅减少，对农业的威胁也变小，再加上日本农业衰退，很自然地，海狸鼠作为农业破坏者的“地位”一落千丈，不再受到重视。

在中国台湾，海狸鼠在1999年间首次出现于花莲溪口，此后根据有关单位的调查，台湾多地出现该鼠的饲养场，并有一些海狸鼠从饲养场逃出。虽然台湾地区当局已于2000年发布禁止饲养的公告，但至今台湾多处仍不时传出海狸鼠现身或遭到捕获的消息，不过其分布地域似乎没有扩大的趋势。

和海狸鼠一样，麝鼠也被当作毛皮兽。麝鼠以musk rat的英文名为人所知，它原本广泛分布于北美，体长约30厘米，外形有些接近海狸鼠，但比较小，最大的差别在于尾巴。海狸鼠的尾巴呈圆筒形，麝鼠则呈左右扁平的椭圆形。麝鼠也是半水栖性的老鼠，多在沼泽地、河川流域及河口等水栖植物生长繁茂的地方活动，并在水面上利用茎、叶搭成圆顶状的窝。麝鼠充当毛皮兽的历史颇久，但在19世纪才引进欧洲饲养，日本在1940年代引进饲养，后来从饲养场逃出的麝鼠也引

起与海狸鼠相同的灾害。

稻田家鼠广泛分布于东南亚，由于容易饲养，印度尼西亚曾构想大量培养稻田家鼠，计划以它的肉作为养鸭饲料，利用它的毛皮制作衣服、皮包、腰带、手套等，但最后因为皮革制品销路不佳而喊停。销路不佳的原因除了价格不便宜外，也在于一般人对老鼠印象不好。

唯一保持皮草兽地位不变的，是绒毛丝鼠，也就是我们常说的龙猫。它生活在南美中部安第斯山脉海拔3000米至6000米的高山地区，体长20厘米至40厘米，耳朵很大，身体密被绸丝状的细毛。它的趾爪极小，不能挖土，也不利于爬树，只能攀附在岩石缝隙。有时上百只绒毛丝鼠成群生活在岩石缝隙里，白天躲在此处，夜间才出来取食附近的植物。

绒毛丝鼠（*Chinchilla lanigera*）

室内饲养的绒毛丝鼠母鼠一年可生产两三次，但在野外生活的母鼠只生产一次。经过约120天的怀孕期，母鼠生下两三只仔鼠，仔鼠经过5至8个月才发育成熟，这样的繁殖能力及速度在老鼠中算是相当差的。虽然美国在1923年就已开创将绒毛丝鼠作为毛皮兽来饲养的方法，并为欧洲一些国家所引进，但由于绒毛丝鼠在野外的生活习性很容易被人掌握，所以野生的绒毛丝鼠常遭到大量捕杀。在20世纪初期，一年的捕获数常高达20万只。滥捕造成的后果是，目前除了智利北部外，绒毛丝鼠已近乎绝迹，被列为保护动物。至于河狸，因其生活习性特殊，将另用章节介绍。

◆ 自然界的水利工程师——河狸

在第一部分“老鼠家族的崛起”中提过，水豚是啮齿目中的巨无霸，位居亚军的则是分布在北半球亚寒带、有“海狸”之称的河狸。河狸主要有欧亚河狸和美洲河狸（*Castor canadensis*），其体长80厘米左右，尾长45厘米左右，体重25至30千克，雌性比雄性大。虽然这类雌大于雄的例子在鱼类及无脊椎动物中颇为常见，但就哺乳动物来说，河狸是唯一的例外。

河狸是半水栖性动物，具有流线型的身躯，附有脚蹼的大后脚及被覆鳞片的扁平尾巴是它游泳、击水的重要利器。尤其尾巴可上下摆动，不仅能产生往前推进的动力，也具有方向舵的作用。当天敌接近时，河狸还会以尾巴击水发出声响，提醒同伴提高警戒。由于它的捕食者以夜行性动物居多，这种通风报信的方法相当有效。

河狸不仅善于游泳，而且可以潜入水中5分钟之久，这使得它很容易避开野狼、猞猁、狼獾、老鹰等捕食者的攻击。河狸在水中活动时，紧闭鼻孔和耳朵，眼睛则有一层名为瞬膜的透明薄膜保护，以防

止小昆虫、沙尘等异物进入。瞬膜这种类似眼皮的保护构造，也见于鸟类、一些两栖类和爬行类，以及生活在沙漠上的骆驼、笔尾獴（*Cynictis penicillata*）眼部。我们的眼睛虽没有瞬膜，但在眼角内侧留有状似瞬膜的痕迹。

河狸是纯植食性动物，以吃树皮、树叶、嫩枝、幼根为生。雌河狸到了两三岁就开始繁殖，怀孕期为4月至5月，一次产下两三只幼河狸，多产者可产下7只至8只。至次年4、5月，母河狸又生下第二批幼河狸。刚出生的幼河狸全身长毛，眼睛已张开，体重为250克至700克，由于身体还很轻，虽然勉强可以游泳，但还不能潜水，容易成为多种猛禽及鲇鱼、淡水梭鱼等猎食的目标。因此母河狸在离巢觅食时会关紧巢口，以防止幼河狸擅自外出而遇害。

幼河狸与母河狸的同居期通常超过两年；换句话说，当年生的幼河狸与前年生的幼河狸常同居在一起。到春季涨水期，水路四通八达，幼河狸才离开旧巢独立生活。由于河狸有强烈的领域意识，不肯让其他巢里的河狸通过自己的领域，因此刚离巢的幼河狸不容易在附近立足，建立自己的新家园。不过经由水路迁移，就不会有误踏入别人领域的危险。虽然动物园里饲养的河狸有35年的长寿纪录，但它们的寿命一般为15年至20年。

河狸最出名的本领就是筑造水坝状的巨巢。它所筑造的水坝一般高2米至3米，长20米，但也曾出现长652米、高4.3米、基部宽7米、顶端部宽1.5米的超级大水坝。在动物界中能够筑造如此巨大的建筑物的，大概只有人和河狸吧。身体不大的河狸是如何造出水坝形的巨巢的？

原来河狸通常10只左右群居在一起，整个筑巢工作就是一项集体创作。它们先用锐利的门齿在水面下的堤防侧面挖洞，然后在洞底堆起泥块、石头、木材，截断水流，搭建一个出入口位于水面下的巢穴，

河狸（*Castor fiber*）

此后再将“房屋”扩大成水坝。当水位升高时，原先的堤防淹没于水中，水坝就成为河狸孤立于水中的栖所。冬天虽然水面会结冰，但位于出入口的水不结冰，不会妨碍河狸活动。虽然河狸建造的水坝挡住水流，改变了水位及水域面积，影响到当地农民的利益，但它也替一些水栖动物提供了新的栖所，并减少了河流泛滥引起的水灾。

根据一次调查，由6只河狸组成的小家庭，竟能咬断80棵至100棵树来作为筑造水坝的建材。它们啃倒一棵直径20厘米至30厘米的树木只需要花10分钟到15分钟，门齿之锐利可见一斑。也因为这样，河狸的筑巢地附近常是一大片无树的大草原。所幸河狸偏好啮咬的白杨、黄杨、柳树等，都是生长快速的树种，被破坏后能迅速恢复，因此不致长期影响当地的生态环境。

谈到河狸，不能不提其毛皮的利用价值。河狸的毛皮质量优良，自古以来即是人们喜爱的皮草原料，尤其17世纪英国、法国曾流行以河狸皮草做的礼帽，促使被捕杀的河狸数量大为增加。在19世纪中叶，一年捕杀的河狸数量常高达四五十万只。此外，从雄河狸分泌腺中得到的河狸香（castar）可用作香料、药材，因此助长了滥捕河狸的风气，有一段时期河狸甚至濒临灭绝。幸好后来保护组织在河狸栖息地设立保护区，积极从事复育工作，才使河狸的种群数量逐渐稳定地增加。

◆难以正名的老鼠——豚鼠

俗称天竺鼠的豚鼠原产于南美洲，是从当地印加民族以肉饲养的秘鲁豚鼠（*Cavia stolida*）育种改良而来的鼠种，又以英文名Guinea pig、marmot为人所熟知。不过这些名称其实都需要重新审视。

先来看“天竺鼠”这个名字，天竺指的是印度，但豚鼠实际上来自南美洲，传到东方的过程虽然不是很清楚，但据推测，可能是19世纪西班牙人以宠物的名义从印度引进中国的。至于英文名marmot，可能跟荷兰人把它与分布在欧洲山区的旱獭属（*Marmota* spp.）混淆有关。Guinea pig这个名字是因为豚鼠的肉与鸡肉味道接近，清淡可口，而被冠上pig（猪）之兽名。至于Guinea应是Guiana之误，Guinea（几内亚）是非洲西部的地名，现在是一个独立国家，Guiana（圭亚那）才是南美洲的地名，但现在正名只会引起更大的困扰，只能将错就错了。

其实像这类将动物名称与产地混淆而误用的例子不少，火鸡即是明显的一例。火鸡是原产于美国的食用鸟，然而它的英文名turkey的第一个字母大写，即变成土耳其。为何北美原产的火鸡会跟土耳其扯上关系？原来这跟原产于非洲的另一种食用鸟珍珠鸡（Guinea fowl）有关。珍珠鸡早在罗马帝国时代便从非洲经土耳其半岛输入罗马，作为家禽饲养。火鸡引进西欧则是在15世纪末哥伦布发现新大陆以后。没想到晚引进的火鸡受到西欧人的青睐，最终取代珍珠鸡的地位，而且名字被冠上曾是珍珠鸡传播途经之地的土耳其（Turkey）。看看它们学名的含义，或许更容易了解这点。珍珠鸡的学名为*Numida meleagris*，属名*Numida*来自非洲北部的地名Numidia（努米底亚），种加词*meleagris*来自希腊神话人物[1]；而火鸡的学名为*Meleagris gallopavo*，属名*Meleagris*来自珍珠鸡的种加词，种加词*gallopavo*则由拉丁文中表示鸡的单词*gallus*和表示孔雀的单词*pavo*组成。

豚鼠是在日间活动的草食性鼠类，一年生产二三次，经过60至75天的怀孕期，生下2只至8只仔鼠。刚出生的仔鼠眼睛已睁开，全身被

1 希腊神话中传说墨勒阿革洛斯的姐妹们化为珍珠鸡，*meleagris*即来自她们的姓氏“Meleadrides”。

毛，经过3个星期的哺乳期，在出生55至70天后已可交配繁殖，有6至8年的寿命。由于容易饲养，常成为各种生物实验的材料，也被当作宠物饲养。豚鼠是啮齿目豪猪亚目豚鼠科（Caviidea）的成员。豪猪亚目是由包括豪猪在内的约230种啮齿类动物组成的大群，以水豚、无尾刺豚鼠[1]、刺豚鼠等南美产鼠类为主。其实南美洲还有不少特有的动物，例如食蚁兽、树懒等。原因不外乎约6500万年前南美大陆是与其他大陆分离的，因而独立衍生出一些特殊的种类。仔细比较豚鼠与欧亚大陆所产的老鼠，可以发现它们的形态截然不同，这些差异都是在千百万年的隔离中演化出来的。

豚鼠科还有个颇有名气的成员叫阿根廷长耳豚鼠（*Dolichotis patagonum*），它生活在南美阿根廷的大草原上，耳朵虽然没有兔子那么长，但在鼠类中算是够长的。阿根廷长耳豚鼠遇到危险时，会像兔子那样跳着跑，但它最特别的习性是实行一夫一妻制，这是哺乳类动物中少见的特例。它们共同在土中挖洞筑窝，并建造公用的育儿室，供五六对阿根廷长耳豚鼠生育幼崽，但不同对的阿根廷长耳豚鼠之间少有互动。白天成对的阿根廷长耳豚鼠外出觅食、晒太阳，一只进食时，另一只便在旁边把风，监视周围。

豚鼠及其近缘种，如艳豚鼠（*Cavia fulgida*）、阿根廷长耳豚鼠等，不仅是南美洲的特有种，也是鼠类中较大的。尤其水豚体长可达1.3米，体重可达50千克，是2400多种啮齿类动物中的巨无霸。水豚大多群居在亚马孙河流域的丛林湿地，靠取食水栖植物、树皮、树叶、草根等为生。近年来由于此区农业急速发展，水豚的栖息地受到波及，面积日益缩小，迫使水豚常数十只成群出现于农田，猛食农作物充饥，

1 无尾刺豚鼠早期被归为刺豚鼠科，后来成为独立的科。

成为当地重要的农业破坏者之一。另一方面，由于水豚肉味道不错，它也成为当地人捕食的对象，种群数量变少。

不过，过去水豚数量众多时，当地的原住民并不常捕食它们，因为当地人狩猎的目的在于表现男人优异的体力及勇气，不在于取得食物。在他们看来，捕杀美洲虎之类的猛兽，要比狩猎水豚更能显示男人的神勇。再者，当地渔产丰富，鱼种达3000多种，鱼类才是他们主要的蛋白质来源。可以说，鱼类的“牺牲”让水豚度过了好长一段太平盛世呢。

阿根廷长耳豚鼠（*Dolichotis patagonum*）

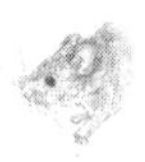

◆常被当宠物养的老鼠——仓鼠

仓鼠类（hamster），更详细地说是鼠科中属于仓鼠亚科（Cricetinae）[1]的一群老鼠，依分类专家看法不同，包括的种类数差异颇大，通常包括18种，多至150种，宠物店的常客叙利亚仓鼠（*Mesocricetus auratus*，又称金仓鼠、黄金鼠）、山林的破坏者大仓鼠（*Tscherskia triton*）都是其中的成员。

仓鼠算是远古型的老鼠，不少成员有冬眠习性或是口腔有颊囊等与远古哺乳动物共同的特征。事实上早在第三纪的渐新世它们就出现于北半球，此后向亚洲南部、非洲、南美等地区扩大分布范围，但因为受到同时出现在北半球的其他鼠种的压迫，被迫栖息于热带及北半球的部分地域。不过在褐家鼠、黑家鼠、小家鼠等鼠科成员入侵新大陆以前，仓鼠广泛分布于此地。

叙利亚仓鼠（*Mesocricetus auratus*）

身被金黄色体毛、长相可爱温顺的叙利亚仓鼠原产于中东地区，体长不到20厘米，具穴居性、冬眠性，在1930年代被引进英国、美国，当作宠物广泛饲养，后来少数叙利亚仓鼠逃出来，恢复已往的习性，变成当地的野鼠。但在原产地，野生族群反倒成为濒临灭绝的种类。已知叙利亚仓鼠容易引起仓鼠过敏症（hamster allergy），患者有

1 现在通常认为仓鼠类是鼠总科下独立的科，即仓鼠科。仓鼠科又分5个亚科，仓鼠亚科即为其中之一。

打喷嚏、流鼻涕，甚至气喘的症状，而且成人比孩童容易罹患。

欧洲仓鼠（*Cricetus cricetus*，原仓鼠）体长超过30厘米，在仓鼠类中算是最大的，多分布于欧洲中部平原地区，穴居，会冬眠，有贮藏食物的习性，冬眠期间大约每个星期醒过来一次，以缓慢的动作取食自己贮藏的食物。由于有这种贮谷的习性，它在分布地域常成为小麦、黑麦等谷类作物的主要破坏者，每隔两三年大爆发一次。它生性凶暴，虽然以植物为主食，但也会捕食小鸟以及比它小的小动物。

狐尾林鼠（*Neotoma cinerea*）是分布在北美森林、岩砾地区的仓鼠，长约20厘米，尾长和体长相近，尾巴蓬松多毛，跟松鼠的尾巴很像。它不仅外形与其他仓鼠不同，而且喜欢搜集小树枝、小石头等材

狐尾林鼠（*Neotoma cinerea*）

料，在洞穴里筑造巨巢。和园丁鸟（bowerbirds）一样，它尤其喜爱捡拾瓶盖、玻璃片、空罐头等光亮的材质。

分布在中国东北部、俄罗斯西伯利亚等地森林、平原的大仓鼠，则是体长不到20厘米、被覆羊毛般细毛的中型仓鼠，有明显的贮谷性，且生性暴躁，富有攻击性，常在农田出没并取食农作物，是恶名昭彰的农业破坏者。到了晚秋，为了越冬，它会将食物分藏在巢穴里的三四个地方，为了节省空间及体力，它还会除掉不宜食用的穗部，只贮藏谷粒，储藏量常多达16千克。大仓鼠是如何搬运这些谷粒的？原来它的口腔部有一对颊囊，一个颊囊一次可以放入约25克的谷粒，一对合起来一次可以搬运50克的谷粒。简单地估算，为了贮藏越冬的食物，它必须来回于田地与巢穴之间320次，个中辛苦不难想象。

大仓鼠的勤劳，不只表现在贮藏越冬食物上，也充分反映在筑造巢穴上。它先花一个多月的时间挖掘深达2米的纵穴，然后再挖出长达4至5米、有两三处出入口的巢道，冬天来临时，它便在此休眠。由于它的贮脂性较差，不能只靠体内的脂肪组织度过漫长的冬天，加上没有抗寒能力，不像小家鼠、田鼠能在冬天外出觅食，因此它偶尔会醒过来取食，当天气较温暖时还会踏出巢穴，在附近走动一阵子。

大仓鼠一年只生产两三次，一次生产8至10只仔鼠，但最高曾有18只的纪录。仔鼠出生两星期后，虽然身体还很虚弱，但已经会利用母鼠巢穴中的横道来挖掘自己的巢道，开始自立的生活。

◆没脖子的老鼠——田鼠

所谓的田鼠，在动物分类学上指的是鼠科田鼠亚科（Arvicolinae）[1]的一群老鼠，英文名为vole，有些类群也被称为䶄；共包括18属、140

1 田鼠亚科现在被归为鼠总科下面的仓鼠科。

多种，是老鼠家族中的大支。田鼠身体粗胖、尾巴短，从外观很难看出头部、颈部和躯体的分界；相较之下，褐家鼠、黑家鼠或小家鼠等鼠科的鼠种，头部、颈部和躯体较容易区分。

前面提过，仓鼠是远古型的老鼠，接着出现的就是田鼠类，它们多具有穴居性，以植物为主要食物，为了消化植物纤维，它们形成了像兔子那样的巨大且发达的盲肠。由于可取食的植物种类相当多，因此它们的行动范围较小，但一旦食物缺乏，它们也会成群迁移，其中旅鼠的迁移最为知名（参见后文）。

普通田鼠则是广泛分布于东欧至俄罗斯西伯利亚西南部的田鼠，从农田、放牧地、草原、沼泽湿地到海拔2000米的林地，都可以看到它们的足迹。由于它们很常见，所以在英文里也被叫作common vole，即普通田鼠。

普通田鼠每次生产的仔鼠数量虽然不如大仓鼠多，但仍有3至6只，多时达10只，一年共生产5至6次。仔鼠发育迅速，一个月即长成有繁殖能力的成鼠。繁殖力如此旺盛，可想而知它对分布地域的农林业的威胁有多大。群居性的普通田鼠常上百只成群生活，在秋季食物缺乏，或受到地下水水位升高的影响时，会成群地迁移。虽然它们也有筑巢的习性，但所造的巢不像大仓鼠的那么深。尤其冬季积雪时，巢就筑造在地表与积雪之间，积雪结冻后形成一个冰室，由于冰层有隔热的效果，冰室内相当温暖，偶有母鼠在此产下仔鼠的例子。至于在人类居住区附近活动的田鼠，则是看中干燥的牧草堆，它们潜入二三十厘米深处筑巢，并咬碎巢室周围的牧草，好让自己住得更舒服。为了不被人类发现并保持通风性，它们还会尽可能地让巢穴表面的牧草与更深部看起来一样。无论如何，它们的举动对牧农而言是一大破坏。

普通田鼠（*Microtus arvalis*）

由于普通田鼠的分布范围相当广泛，它的造巢场所及造巢方法也因地制宜，十分多样，但原则上它都在地表下2米至3米处筑道造巢。当土地太过潮湿时，它会转而利用长草的小丘陵、被遗弃的旧蚁巢、倒木；若在海边，就潜入被冲上岸的海草堆；若在田野，就选择石墙下或繁茂的草丛等处；反正是就地取材，筑造简陋的巢穴而生活。

普通田鼠虽是夜行性老鼠，但有时也会在白天露脸，短暂地活动。它会先将头伸出巢口，打探周围的情形，如此反复数次，再小心翼翼地爬出巢外。很明显地，为了防范天敌，它必须始终保持高度的警戒。普通田鼠不具有休眠性，在冬季仍需活动觅食，然而冬季食物到底不多，为免寒冬挨饿，它也和其他野鼠一样，有秋季在巢穴中贮藏食物的习性。但它的贮藏量不及大仓鼠多，为了避免消耗体力，它通常只在贮藏食物的巢穴附近活动，当食物严重短缺才成群迁移。

◆亡命大迁移的老鼠——旅鼠

旅鼠，英文为lemming，也属于田鼠亚科，约有20种，分布于欧亚、北美大陆及北极圈的冻原。旅鼠身体粗胖，四肢短，眼睛小，尾巴粗短，耳朵几乎埋在体毛里，外形有点像生活在土中的鼹鼠。

旅鼠属的代表种是欧旅鼠（*Lemmus lemmus*，亦称挪威旅鼠），其繁殖力很强，母鼠一年生产6至7次，每次经过20天的妊娠期生下约10只仔鼠。仔鼠出生30天后便可以交配，有些甚至出生14天后便有繁殖能力。如此推算下来，一只母鼠一年生下的后代数量极为可观。

旅鼠在冬季并不休眠，分布于阿拉斯加、挪威的旅鼠会在积雪下筑造窝穴、隧道。由于积雪有隔热作用，窝穴、隧道里的温度并不像外界那么低，在此生活反倒可以避开鼬类、北极狐等掠食者的攻击，

因此对旅鼠而言，冬季并非难以存活的严酷季节，当食物条件良好时，它们甚至还能繁殖。

欧旅鼠在族群大爆发时会长距离迁移旅行。通常初春冰雪融化时，旅鼠就开始迁移，不过此时旅鼠的种群密度不高，1公顷范围内大致有30至50只，因此它们的迁移不太受人注意。而当气候条件良好且没有天敌捕食时，旅鼠种群往往会大爆发。例如在食物充足的夏天、秋天，1公顷范围内旅鼠的种群数量会超过300只。通常栖息在石楠丘陵地的旅鼠在度过夏天后，会下移到山麓的平地越冬，但当它们大爆发时，就会进行距离更长的迁移。由于旅鼠在迁移期间还会繁殖，因此到了秋末，时常形成上百万只的巨群。虽然不少掠食性鸟兽会跟在鼠群后面捕食，但它们的捕食量根本赶不上旅鼠族群增加的速度。

旅鼠大爆发时的景象甚为惊人，由于就像天兵天将突然降临，瑞典人给旅鼠取了“天鼠”的别名。16世纪瑞典天主教的大主教马格努

欧旅鼠（*Lemmus lemmus*）

斯（O. Magnus）曾在他的著作中提到旅鼠："在瑞典，旅鼠生于云块中，每三年一次随豪雨降到地上。黄鼠狼、貂之类捕食旅鼠而增长，让皮革商人大为高兴。"

在迁移途中遇到大河或海洋阻挡时，旅鼠会停在河畔或海边，形成巨群。虽然它们的游泳能力在鼠类中算是不错的，能穿过小河、峡湾游到对岸，但河面太宽或风浪过高时，大多数旅鼠还是会被淹死。往往几十万或几百万只旅鼠的尸体浮在水面，造成水质污染。这种投水而死的行为，成为限制它们扩大分布范围的主要原因。旅鼠为何会有这样的行为？早期有人认为，这是旅鼠因种群密度过高所致的压力而产生的自杀行为，而且是分布于北欧的欧旅鼠特有的习性。

先不谈旅鼠，来看看其他动物在特殊条件下会不会自杀。在夏威夷有一种蟾蜍，有取食含番木鳖碱（strychnine）的毒花的自杀行为。仔细观察它的取食情形即知，它有把视域内所有会动的物体都当成食物，并跳上去吞食的习性。因此，当一只不幸的蟾蜍蹲在正值落花期的植物下方时，它会把掉在身旁的花朵误认为食物，一口吞下而中毒。再举一个例子。用结实的粗绳把一匹马拴在木桩上，它会开始绕圈，绕到紧靠木桩不能再绕时，它就前腿跪坐，这样的举动往往让我们以为它在自杀。其实它并没有自杀的念头，只是因为遇到了无法脱身的困境。同样的道理，当以钢链或粗索等人造物套住马的颈部时，马会以为颈部被植物的蔓条勒住，因而硬拉或跳跃以求脱身，最终落到勒住气管或折断颈骨而死的下场。

从这个角度来看，旅鼠迁移时经过的广大水域，是它们从没遇到过的地形，它们不知道自己体力的极限，只是凭着过去顺利翻山越河的经验，投身入水，当然只有死路一条。但不少人深信旅鼠有自杀行为，1957年迪士尼出品的电影《白色荒野》（*White Wilderness*）或许应

该负部分责任。该片中曾出现旅鼠成群投海自尽的壮观场面。其实影片中自尽的旅鼠并不是欧旅鼠，而是广泛分布于北美及西伯利亚北部的拉布拉多环颈旅鼠（*Dicrostonyx hudsonicus*），它们是从阿拉斯加被捉来拍摄投海场面的。

虽然环颈旅鼠与欧旅鼠一样，有周期性爆发的习性，迁移时也是直线前进，但却会各自朝不同的方向分散，不会成群地投海。再者，环颈旅鼠栖息的加拿大北部、阿拉斯加沿海地域以平原为主，当它们因种群爆发而迁移时，它们会沿着结冰的湖沼和海岸冲向大海，虽然一样命运多舛、凶多吉少，但至少不会成群跳崖而死。

马格努斯大主教提到旅鼠每三年爆发一次，经过后来在野外的调查，可以确认他的说法是正确的，旅鼠的爆发的确每隔三四年出现一次。为何会有如此明显的周期性？这是个有趣的问题，一些动物生态、生理学者纷纷提出观点或学说，有人归因于气候条件、食物量、捕食者的种群数量因子等的周期性变动，也有人认为这是种群密度过低或过高所导致的生理变化。

强调食物条件的学说认为，当气候条件良好时，植物生长繁茂，食物充足，引起旅鼠的大爆发。此后由于大批旅鼠的取食，植被几乎被吃光，为了觅食，旅鼠只好在裸地徘徊，但处在这种没有隐蔽物的环境里，很容易被北极狐、猛禽等天敌捕食。此外，食物不足、旅鼠种群密度过高，也会对旅鼠的健康造成影响，使它们的怀孕率降低。至于新生仔鼠的数量，往往因为疾病侵袭或多数成员迁移而急速减少，使得大爆发慢慢平息。当旅鼠数量减少，冻土上的植被开始恢复，旅鼠的捕食者也分散到别处谋生时，一切就又回到旅鼠大爆发的酝酿期。

这种说法看似合理，但不少报告显示，植被的破坏与旅鼠大爆发的平息并没有明显关联，因为旅鼠平常大约只取食植物生产的生物总量的5%，在大爆发时取食率则提高到15%至19%。植被若是90%受到破坏（被取食），必然阻碍日后旅鼠数量的增加，若被破坏率不到20%，则不致造成影响。但若旅鼠的“主食”或偏好的植物被破坏率达到70%至85%，也必然严重影响旅鼠的增殖。因此，食物存量无法完全解释旅鼠大爆发的原因，还必须考虑到个别植物在营养供应上对旅鼠的重要性，才能得出较精确的结论。事实上，包括旅鼠在内，多种动物的周期性爆发，都不是单一因子引起的，而是多种因子间的连锁反应造成的结果。

◆在沙漠讨生活的老鼠——非洲跳鼠等

谈到沙漠，我们往往马上联想到一片荒凉的景致，上面没有树木，顶多生活着一群骆驼。的确，骆驼的身体构造很适合在沙漠生活，但既然骆驼能够在此生活，应该还有一些动物也可以在此立足才对。果然，仔细观察沙漠的生态，可以发现各式各样的小型动物。例如南非的纳米布沙漠（Namib desert）上有200多种拟步甲科的甲虫，其中包括以倒立姿势收集浓雾中水分的倒立拟步甲。其他如蜘蛛、毒蝎、蜥蜴等，也都是沙漠中的常客。

不过，沙漠昼夜温差大，除了避暑之外，还必须解决取水的问题，包括阻止体内水分的蒸发，以及取得水分以弥补蒸发掉的水分。以南非的卡拉哈里沙漠（Kalahari desert）为例，白天气温常超过40℃，即使在稀疏的树荫下，气温也有37℃～38℃，晚上气温则陡降到10℃左右，温差大于30度，分布在这里的动物如何自处？没有一套特殊的求生本领是不行的，这里介绍的数种沙漠老鼠就是最好的例子。

生活在阿拉伯沙漠中的非洲跳鼠（*Jaculus jaculus*，亦称沙漠跳鼠）体长虽仅10厘米，却有着比身体更长的尾巴，能帮助它保持身体平

非洲跳鼠（*Jaculus jaculus*）

衡。和澳大利亚的袋鼠一样，它的后肢长度为前肢的4倍，因此善于跳跃。白天，它在沙漠中挖洞，并用一些小岩砾塞住入口，在此避热。其实不少生活在沙漠的动物白天都用这种方法躲避强烈的阳光，因为只要在地面下约20厘米深处，就不容易受到阳光的影响，并且还保有一些湿度。但若不幸遇到天敌攻击，它也只能弃洞而逃。此时长长的后腿就是它逃生的最佳工具，而单单以后腿接触地面，也可以减少与炎热沙面接触的面积。

此外，生活在沙漠上的白蚁也扮演着相当重要的角色。白蚁身体柔软，体内含水量高，因此成为多种动物主要的水分来源。一些非肉食性动物，包括非洲跳鼠在内，就利用白蚁筑巢时从沙漠深处挖出来的沙土、植物碎片，从中摄取水分。而沙暴和傍晚时段吹起的风，也会挟带多种植物的碎片和种子，为非洲跳鼠及其他植食性动物解决饮食问题。

分布在北美西部沙漠的荒漠更格卢鼠（*Dypodomys deserti*），是体长约12厘米的小型老鼠，也是夜行性动物。它通常只以后腿跳跃，但却能在沙漠里筑造土丘型的大窝穴，有时甚至直径达4.5米、高约1.2米。荒漠更格卢鼠的食物是草本植物的茎、叶、种子及昆虫等，它和部分仓鼠一样，用前脚将食物塞进口腔中的颊囊，带回窝穴中贮藏。由于生活在沙漠中，少有喝水的机会，它的肾脏功能奇佳，尿液浓度比我们人类高两三倍，可以大幅减少排尿时水分的流失。母鼠一年能生产二三次，一次可生下3只至5只仔鼠。分布在我国内蒙古及蒙古国沙漠的小沙鼠（*Gerbillus gerbillus*），也具有超强的耐旱性，只靠所采食的植物体或种子所含的水分而生存，尿的含盐量高达23%，粪便极干燥，常被当作研究泌尿功能的实验动物，也曾在载人宇宙飞船的研发阶段，作为实验动物被送上太空。

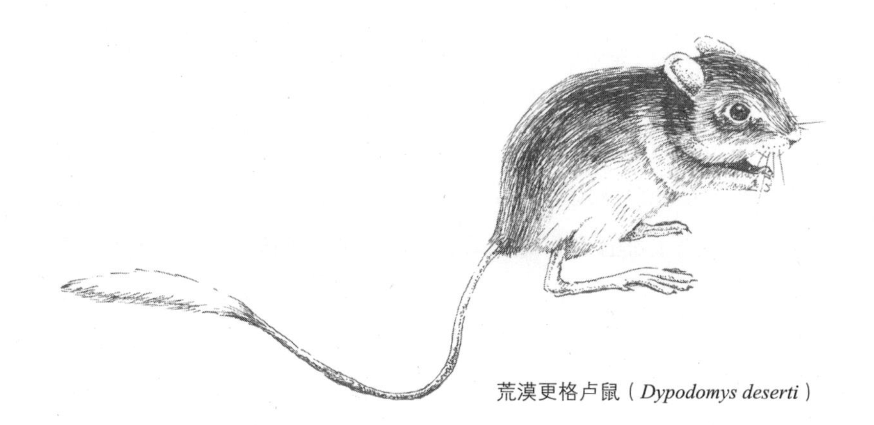

荒漠更格卢鼠（*Dypodomys deserti*）

◆ 树上的老鼠——松鼠

提到松鼠，我们脑海中浮现的往往是它们夹着大尾巴在树间蹦跳，一溜烟就不见的俏模样。其实松鼠泛指啮齿目松鼠亚目（Sciuromorpha）松鼠科（Sciuridae）的一类，约有200多种，是松鼠亚目11个科中的第二大家族，仅次于鼠科的1300种。

要正确且详细地区分老鼠与松鼠，必须看头骨的构造。而从外观来看，两者的头部和身躯部分看不出明显的差异，最大的差异在于尾巴：老鼠尾巴上没有毛或只有稀疏的毛，松鼠尾巴上则有浓密的长毛。或许是因为这样的差异，我们对松鼠印象很好，认为它可爱灵巧；说实在的，这对老鼠实在有点不公平。

其实这200多种松鼠不全都是树栖性的，也有在地下挖洞生活的地松鼠、黄鼠，以及影片中常见的旱獭（俗名土拨鼠）之类。此外，前后肢间有皮膜相连、善于滑翔的鼯鼠，也是松鼠亚目的成员。

以体形来看，在台湾最常见的赤腹松鼠（*Callosciurus erythraeus*），体长约20厘米，体形与褐家鼠差不多，算是中等体型；分布在东南亚的巨松鼠属（*Ratufa* spp.）是松鼠中较大者，体重达3千克，体长45厘米，比家猫还大一些。但中亚产的一些旱獭，比巨松鼠还要大些，尤其是分布在阿尔卑斯山区的欧洲旱獭（*Marmota marmota*，亦称阿尔卑斯旱獭），其体长为50至70厘米，体重约为8千克。最小的松鼠是非洲小松鼠（*Myosciurus pumilio*），体长仅6厘米，体重只有16克。以上这些广义的松鼠都有毛茸茸的尾巴，前脚具有发达的五趾，虽然长相可爱，但和一些野鼠一样，是森林的破坏者，例如赤腹松鼠在台湾曾是扁柏、杉树等树木的重要破坏者，也会传播一些疾病。

若从前、后肢间是否有皮膜来看，广义的松鼠又可以分成有皮膜、属于夜行性动物的鼯鼠亚科（Petauristinae），与没有皮膜、属于昼行性动物的松鼠类。鼯鼠因为有皮膜这片披覆软毛的皮褶，在移动上得到不少好处，例如能在空中向下往远处滑翔，因此获得“飞鼠”（flying squirrel）的别名，但皮膜也限制了它的速度与敏捷性。再者，滑翔行为使它的存在变得明显，为了回避天敌的攻击，它只得选在夜间活动。鼯鼠的夜行性也反映在它的眼球构造上，即视觉细胞由只能在黑暗处发挥功能的视杆细胞所形成。至于昼行性的松鼠，则因视觉细胞皆是视锥细胞而有“夜盲”的症状。

松鼠还有一项特性，那就是具备一流的熟睡功夫。它常在巢中毫无防备地卷起它那蓬松的尾巴熟睡。一般来说，没有防备武器且常是肉食性动物捕猎对象的动物，即使休息时也不敢懈怠，会利用敏感的嗅觉、视觉、听觉注意周围的变化，有时也会以轮班站岗的方式监测四周的动静，一有情况拔腿就跑。但松鼠的表现却恰恰相反，当它的捕食者蛇、貂等动物潜到身旁时，它仍在呼呼大睡。虽然睡眠是动物不可欠缺的行为之一，能让大脑休息、恢复脑部的功能，进而促进激素分泌，并减少能量消耗；但REM睡眠期（Rapid Eye Movement，快速眼动期），却也是植食性动物最容易受到攻击的危险时期。因为此时

赤腹松鼠（*Callosciurus erythraeus*）

欧洲旱獭（*Marmota marmota*）

身体肌肉放松，感觉系统功能降低。为了防范敌害攻击，植食性动物的REM睡眠期通常比肉食者短许多。无论如何，大部分野生动物都会因为周围的一点声音而醒过来，完全不提高警觉而能熟睡的，可能只有人类与松鼠。

谈到松鼠，不能不提草原旱獭（*Marmota bobak*），它是松鼠中较大的种类，其体形粗胖，体长50至60厘米，尾巴仅长10至15厘米，生活在东欧至西伯利亚、新疆山陵地区的草原上，成群挖洞而居。它属于昼行性动物，擅长挖掘长达15至20厘米的地洞，晚间在此休息，白天则常站在洞口看守，猎人一接近，便发出"吱、吱、吱"的警戒声，提醒同伴立刻逃入地洞，不久附近几只同伴也相继发出相同的警戒声。它们的这些举动往往惊动附近的野山羊，让猎人无法猎取更多猎物，因此对猎人而言，旱獭是狩猎活动中的破坏者。另一方面，旱獭也和黑家鼠一样，会传播鼠疫，据说历史上发生的几次鼠疫都源于旱獭间的传播。

不过由于旱獭的肉相当可口，其分布地区的居民也将它当作肉用动物。此外，旱獭的毛皮质量相当好，过去常被用来代替海狗皮草。根据研究，旱獭的脂肪以高温溶解后能一直维持清澄状态，只有在极低温下才会再凝结，这种特性在工业上有多种用途。因此，旱獭可算是略带害处的有用动物。

◆草原上控隧道的专家——黑尾草原犬鼠

严格地说，黑尾草原犬鼠（*Cynomys ludovicianus*）不是老鼠，而是松鼠科的成员。在不少书籍、影片，甚至动物园里，它都是众所瞩目的焦点，也是大家讨论的啮齿目动物中的热门对象。

黑尾草原犬鼠分布在北美洲的矮草草原上，体长约35厘米，算是

中型的啮齿目动物。现今北美中部的大草原（prairie），在东部殖民者到来以前，是一片由短茎草本植物形成的繁茂草原，可供美洲野牛、叉角羚取食，而地面则是黑尾草原犬鼠及数种地松鼠、野兔生活的场所。根据当时一次调查，得克萨斯州一处长180千米、宽350千米的黑尾草原犬鼠群居地上，总共栖息着多达4亿只的黑尾草原犬鼠。

这些黑尾草原犬鼠是技术高超的挖隧道的专家，它先往地下挖掘3至5米深的洞，然后从这里延伸出两三条横走的隧道，再用从外面带回来的干草在横走隧道的最深处建立窝室。由于它们将挖出来的土，以30厘米至60厘米的高度堆在直径约15厘米的隧道口周围，以防止雨水渗入隧道，因此在黑尾草原犬鼠群居的地方，往往每隔30厘米就会出现一个火山口般的土堆，而且常可看到黑尾草原犬鼠用后脚站立在土堆上，瞭望周围的情形。当老鹰、野犬等天敌接近时，它便发出尖叫，提醒同伴赶快躲到洞里避难。由于这种叫声类似狗吠，因此黑尾草原犬鼠的英文名字叫“草原犬”（prairie dog）。

黑尾草原犬鼠的天敌野犬、野狼，虽然攻击黑尾草原犬鼠，但也帮了它们不少忙。因为这些掠食者除了捕食黑尾草原犬鼠外，还捕食年幼或病弱的野牛，让野牛群不敢长期停留在一个地方吃草，这样就连带着保护大草原不致遭到过度的取食，让黑尾草原犬鼠能以植食者的姿态立足，维持该地生态系统的平衡。

不过自从欧美殖民者进入大草原，在此放牧牛羊后，大草原的情形大为改变，野牛、叉角羚被当作取食牧草的有害动物而遭驱除，野犬、野狼也因为掠食家畜而惨遭射杀或毒杀。黑尾草原犬鼠更是因为常有牛羊误踏入它的隧道口造成脚骨折，而被列为害兽，遭到大规模毒杀，濒临绝迹。

其实黑尾草原犬鼠对草原牧草的生长有很大的帮助。一大群野牛

黑尾草原犬鼠（*Cynomys ludovicianus*）

在草原上觅食走动，往往使土壤变硬，雨水不易渗进土里。幸好有黑尾草原犬鼠翻土筑巢，让土质变得松软，而部分枯萎的植物体也被带进土中，经过发酵，变成肥料，促进牧草的生长。换句话说，黑尾草原犬鼠一如蚯蚓，扮演着更新土壤的角色，有黑尾草原犬鼠的活动，翠绿的大草原才能维持下去。目前在很多地方，黑尾草原犬鼠已大为减少，并被列进种群受到威胁的保护动物名单中，尤其美国得克萨斯州、俄克拉荷马州、堪萨斯州等地，已设置黑尾草原犬鼠保护区，实施各项保护工作。

除了北美的黑尾草原犬鼠，分布于西伯利亚南部草原的大黄鼠（*Citellus major*，田松鼠）也对土壤的延续利用大有贡献。在一些地方，一公顷土地中竟有多达3300只大黄鼠。还有一种小黄鼠（*C. pygmaeus*）也喜欢在农田中筑造隧道，一公顷土地中种群数量也多达数千只，它们虽然有更新土壤的功劳，但取食农作物造成的损害也不容忽视。

◆爱睡觉的老鼠——睡鼠

前面提过，松鼠很能睡，但它们还不是最能睡的，松鼠亚目睡鼠科（Myoxidae）的一群睡鼠，才是睡觉大王。睡鼠有20多种，是以冬眠而知名的鼠种，《爱丽斯梦游仙境》中给兔子、疯狂帽子商当枕头，或被泼热红茶还在呼呼大睡的那只老鼠，就是睡鼠。在此以日本特有种日本睡鼠（*Glirulus japonicus*）为例，简要介绍睡鼠的生活习性。

日本睡鼠是生活在森林中的夜行性老鼠，白天在树洞睡觉，夜间才在树上活动，一年生产两次，通常在6月与10月。到了12月，它就待在树洞或房屋角落甚至落叶下，将身体卷成球状而冬眠。它之所以卷曲身体，为的是要缩小身体表面积，减少气温、天气变化等外界因子对它的影响，此时它的体温只有0℃，心跳也降到每分钟50～60次。跟人的心跳相比，一分钟50～60次看起来只是略慢而已，但比起睡鼠

平常的500～540次，以及其他一些小型哺乳类动物，如猫的120次、兔子的200次、褐家鼠的360次，这样的速率可说是超慢。

有意思的是，把冬眠中的睡鼠放在掌心，慢慢加温，经过约30分钟，它会松开尾巴，身体不再呈球状，40分钟后已可用四肢站起来，50分钟后张开眼睛，可以开始慢慢地行走，体温升高到36℃，心跳次数也恢复正常。对照我们人感冒发烧时的情况，体温自平常的36℃左右升高到40℃，已达危险期，如果在一个小时内体温攀升36℃，那必死无疑；若是心跳次数在一个小时内增加10倍，心脏必然爆裂。但睡鼠竟然具有这种超能力，实在不可思议。

睡鼠科另一个有名的嗜睡者是荒漠睡鼠（*Selevinia betpakdalaensis*），属名*Selevinia*来自最先发现该鼠的俄籍动物学者谢勒分（V. A. Selevin），种加词*betpakdalaensis*来自该鼠的分布地域别特帕克达拉沙漠（Betpak Dala）。荒漠睡鼠由于形态非常特殊，一度成为独立的荒漠睡鼠科（Seleviniidae），它也是该科唯一的一种老鼠。不过最近多数分类专家赞同把荒漠睡鼠科并入睡鼠科。

荒漠睡鼠只分布于中亚哈萨克斯坦的别特帕克达拉草原（Betpak-Dala，亦称饥饿草原），在1939年首次被发现。俄籍动物学者从它的牙齿判断它应是啮齿目动物，但无法确定它的种类，因为它长得有点像小家鼠，又有点像绒鼠，但更像睡鼠，而且它还有一些特别的形态特征，例如门齿不坚利。一般来说，啮齿目都具有巨大强韧的门齿，用来啃咬坚硬的东西，但荒漠睡鼠的门齿相当细弱，连我们人类的皮肤都咬不破。它以取食昆虫为生，主要的食物是栖息于碱蓬草丛中的一种螽斯，遇到外骨骼较硬的甲虫，它就放弃取食，这些都属于远古型哺乳类食虫目的典型特征。

由于荒漠睡鼠相当罕见，我们对它在野外的生活习性并不太了解，

只知道它分布于沙漠地带，多生活在碱蓬草丛中，白天休息，晚上才出来觅食，9月底以后就不常走动，到了翌春才出现，似乎有冬眠的习性。

每到傍晚，草丛里的螽斯开始鸣叫时，荒漠睡鼠就会竖起它的大耳朵转头聆听，并爬到螽斯的正下方，发出警告的声音。螽斯一听到声音，吓得爬到草丛下，却被荒漠睡鼠逮个正着。但它只吃螽斯柔软的腹部，留下较硬的头、胸、脚等。它的食欲很好，根据一所动物园的饲养记录，它曾有用5个小时吃掉25只螽斯（相当于其自身的体重）的壮举。在动物园里也能观察到，荒漠睡鼠夏天睡在枝条、树叶下，但当温度降到3℃时，它就开始挖掘浅洞，进入冬眠。或许正因为睡鼠利用冬眠节省体力，它的寿命比一般鼠类长，根据饲养记录，它至少能活一年。

◆哺乳类中的变温动物——裸鼹形鼠

在埃塞俄比亚、索马里、肯尼亚的干燥草原下，有一种很特别的老鼠，就是豪猪亚目滨鼠科（Bathyergidae）裸鼹形鼠属（*Heterocephalus*）的裸鼹形鼠（*H. glaber*）。其体长8厘米，体重不到30克，上、下颌具大门齿，以此挖土筑隧道。它的身上几乎没有毛，从脖子到下半身的皮肤都像老人一样皱巴巴的，外形不甚好看。

裸鼹形鼠在地下的隧道中过着类似蚂蚁、白蚁的社会性生活。它们通常几十只甚至近一百只群居，其中一只雌鼠是鼠后，另有数只雄鼠专责繁殖工作。其他的成鼠则是工鼠和兵鼠，它们虽然有生殖能力，但不参与繁殖工作。工鼠比兵鼠小，主要从事挖掘隧道、寻找并搬运食物的工作。兵鼠通常待在巢穴里休息，一有情况便蜂拥而出，以巨牙抗敌。这种分工合作的社会结构，在鼠类的生态中相当罕见。

但更让人惊讶的是，裸鼹形鼠是变温动物，体温会随隧道温度而改变。换句话说，它不具备依靠自身代谢及活动调节体温的机制。虽然对于裸鼹形鼠为何具有变温性，至今没有定论，但部分专家推测，这跟它的居住环境有关。专家们认为，由于地下的环境不易受到阳光及风雨的影响，尤其在撒哈拉沙漠附近，气候终年稳定，变化不大，生活在这里的动物渐渐失去了调节体温的能力。不过，在非洲另有7种滨鼠科的成员，它们虽是穴居性动物，但多少具有调节体温的能力。由此看来，气候变化学说的依据较为薄弱，或许裸鼹形鼠特殊的社会结构才是问题的关键。

裸鼹形鼠社群的成员数量似乎与当地的干旱程度有关，即愈干旱的地方，裸鼹形鼠形成的社群愈大，成员间的互动愈密切，但每个成员的个头愈小。裸鼹形鼠与其他7种分布在非洲的滨鼠科同类都有这种倾向。这种倾向与干旱对植物的影响有关。因为裸鼹形鼠是以植物根部块茎为食的植食性鼠类，而在干旱的地方，植物体为了减少水分蒸散，会形成少量但大块的块茎。另一方面，就穴居性鼠类而言，挖隧道是很花体力的工作，工作量相当于在地上爬行的3500倍，而生活在干旱地区的裸鼹形鼠费尽千辛万苦遇到块茎的机会并不高，因而容易陷入饥饿状态。此时它可采用的策略就是增加成员（工鼠）数量，让它们多方向、大范围地寻找食物。但单是增加成员数量并非上上之策，因为成员一增加，食物的需求量也随之增加。工鼠的个小变小，可减少食物的消耗量，当然所能减少的量还是很有限。裸鼹形鼠最后采取的策略是随外界的温度来改变体温。通过测量一些变温动物的摄食量可知，它们大约摄取相当于恒温动物1/6至1/5的热量就可以维持生活。裸鼹形鼠很可能就是靠着变温的本领在食物贫乏的干旱之地存活下来的。

如果裸鼹形鼠的体长缩小为5厘米或4厘米，数百只群居，对它们族群的繁荣是否更有利？或许有些裸鼹形鼠的族群正朝此方向演化？

裸鼹形鼠（*Heterocephalus glaber*）

但身体的矮小化也可能带来负面效果，例如无法有效抵抗敌害、力气太小影响挖洞及觅食等。裸鼹形鼠现有的体重很可能是维持其基本生活方式的最低限度。

虽然目前生活在地球上的脊椎动物可以分成恒温与变温两大类，但由变温逐渐演化为恒温几乎是不容置疑的事实，而在演化过程中必然出现介于变温与恒温之间的中间型，它们在既有的变温动物与新兴的恒温动物的夹攻下落败而消失。以哺乳类变温动物为例，其祖先应是小型的食虫类，它们昼伏夜出，由于夜间气温通常比白天低，且敌害在夜色掩护下不那么容易对付，必须具备灵敏的动作与反应才行，因此保持一定的体温对它们来说是必要的，好让肌肉可以随时应变。为了生存，它们逐渐摆脱变温性，但社会性穴居生活的裸鼹形鼠情形就不一样，仍留下其他哺乳类动物早已抛弃的变温性。

◆外形像老鼠的有袋类——负鼠

负鼠（opossum）的名字里虽然有个鼠字，但它并不是啮齿目动物，而属于与啮齿目亲缘关系甚远的有袋类，不过由于外形颇似老鼠，且母兽有背着幼兽活动的奇特习性，所以被称为负鼠（负子鼠）。有袋类的动物，例如我们所熟知的袋鼠、树袋熊（考拉）、袋狸、袋貂，只分布于大洋洲，但负鼠却是例外。至今已知的近80种负鼠都生活在中、南美洲，体形虽然都像老鼠，但大小及生活习性相差甚远，有体长达70厘米至80厘米、尾长20厘米的黑耳负鼠（*Didelphis marsupialis*），也有像小老鼠的小型负鼠，甚至还有后脚趾间有脚蹼、善于游泳、以捕食水栖动物为生的蹼足负鼠（*Chironectes minimus*，又称水负鼠）等。

在此就以个头最大的黑耳负鼠为例，大略介绍负鼠的生活。黑耳

负鼠是昼伏夜出的夜行性动物，通常单独生活在地上，但也擅长在树上活动。它属于杂食性动物，举凡小老鼠、小鸟、昆虫、谷粒、果实，甚至球根等，都是它以灵敏嗅觉寻觅的食物。它不具休眠性，在冬季也得觅食，造巢于树木根际的小洞、草丛，甚至房屋天花板上的裂缝里。它除了有负子活动的特殊习性，也擅长装死。受到惊吓或遇见猛禽、野犬、狐狸等捕食者时，它会马上躺着装死，身体一动也不动，嘴巴半张，持续好几个小时，以逃过敌害的攻击。

在温带地区，黑耳负鼠在春季生产一次，但在热带、亚热带，则是春夏两季各生产一次，平均一次产下10只仔鼠。跟其他有袋类动物的仔兽一样，刚出生的仔鼠很小，体长约1厘米，体重只有0.1克。仔鼠待在母鼠的育儿袋中，各占一个乳头，吸取乳汁而长大。大约8周

有袋负鼠（*Didelphis marsupialis*）

后，仔鼠的身体开始长毛；至第9个星期，全身长满毛，眼睛也睁开，体重增加到25克左右；第13～15个星期，离开母鼠独立；再经八九个星期，长大成熟，可以开始繁殖，寿命约有7年。

母鼠一次大致生下10只仔鼠，但有时也会产下20只左右，甚至还有产下50多只的纪录。不过母鼠一多产，问题就来了。因为一只母鼠只有13个乳头，此时必然出现“僧多粥少”的现象，先占到乳头的仔鼠可以顺利长大，动作迟钝的只有饿死的份儿。为何母鼠不控制胎儿的数目呢？原来有袋类动物是哺乳类中比较原始的一群，调整胎儿数量的机制并不完备。与它们大略类似的还有猛禽类的老鹰、猫头鹰等，它们产下两枚蛋，但通常只有一只雏鸟可以顺利长大，因为亲鸟会优先喂饲身体较强壮的雏鸟，而把另一只雏鸟当候补，只有在食物充足时，才去喂饲它。但通常食物充足的机会不多，候补的雏鸟多半只能听天由命。

虽然就母负鼠而言，乳头数量是既定的事实，孕育多余的仔鼠并把它们生下来，无疑是对母体资源的一大浪费。但也有一种正面的解释，即其目的在于让刚生下的仔鼠展开剧烈的生存竞争，淘汰身体弱、行动迟钝的后代，这样才能留下基因优良的后代，进而促进族群整体的繁荣。

根据古生物学的研究，在北美洲7500万年前白垩纪后期的地层中，已发现负鼠的化石，然而在澳大利亚发现的最早的有袋类化石却是2300万年前留下的。由此推测，有袋类动物的发源地应是北美，而非澳大利亚。后来部分有袋类的祖先随大陆的漂移来到澳大利亚，在此分化出今日我们所看到的各种有袋类动物。至于留在北美大陆的一些有袋类，后来因为气候的变化与陆续出现的各种哺乳类动物的种间竞争而衰弱，于是逐渐从地球上消失了；只有负鼠通过了严苛的生存考验，不仅存活下来，而且还维持着近80种的繁荣局面。

野鼠的生活

◆棕背䶄[1]

棕背䶄（*Myodes rufocanus*）属于鼠科田鼠亚科。田鼠亚科成员的特征是身体粗短，尾巴明显比身体短，眼睛小，耳朵也小且埋在体毛中，如其种加词*rufocanus*所示，背面体毛为红褐色（*rufo*），侧面呈灰色（*canus*），故有grey-sided vole的英文名。至于属名*Myodes*，则由希腊文中表示老鼠的*Myos*和形容词后缀*odes*所组成，意即“似老鼠之物种”。但在一些书籍中，棕背䶄的属名常被写作*Clethrionomys*，前半部*clethriono*来自赤杨的希腊文*klethra*，*mys*则来自老鼠的希腊文，也就是英文mouse的语源。棕背䶄外形有点像鼹鼠，是体长12厘米、尾长5厘米、体重30克至50克的小型老鼠，分布在俄罗斯西伯利亚、中国东北、日本北海道等地区，但分布在北海道的*M. rufocanus bedfordiae*和分布在亚洲大陆的*M. rufocanus rufocanus*属于不同的亚种，其中后者是指名亚种。

棕背䶄大多生活在草原、农田，但也见于低海拔的矮树林或阔叶林，食性偏向植食性，在北海道甚至被视为主要的森林破坏者。它之所以成为森林破坏者，是因为日本田鼠（*Microtus montebelli*，平原田鼠）在当地的草原及农田是优势种，逼得它不得不进入森林取食林床的草茎、树皮等富含纤维质的食物。正因为要取食如此坚硬的食物，它具备发达的上、下颌与牙齿，而且有些门齿、大臼齿没长牙根，一辈子继续生长，或是到成鼠后期才长牙根。附带一提，褐家鼠、黑家

1 棕背䶄现在是一个独立的属。

鼠等鼠亚科（Murinae）的成员，门齿虽然不长牙根，但大臼齿不久就长出牙根并停止生长。

分布于北海道的棕背䶄北海道亚种在以赤竹属植物（*Sasa*，即 bamboo grass）为主要林床植物的森林里繁衍。由于赤竹属植物的新芽、叶片营养价值高，这里的棕背䶄长得比生活在大陆的棕背䶄略大，而这也是它被分为另一个亚种的原因之一。（见附表）

棕背䶄通常在春季开始繁殖，至盛夏繁殖活动暂时停顿，到了秋季又趋于活泼。为何一年有两次繁殖旺期？原因至今未明。但北海道的亚种只于春夏之季繁殖，到了秋季就停止繁殖。北海道的冬季冷冽，常连续数日最高温度不超过0℃，不少地方积雪厚度更是超过1米，造成多种植物枯萎，棕背䶄只能取食积雪下的华箬竹叶片及预先贮藏的树种子维持生活。它不具有休眠性，在积雪下仍活泼地走动、觅食，食物充足时还能繁殖，因此护林员常常在春天融雪后发现一些看起来正常、其实根部已遭到棕背䶄严重破坏的树木。

棕背䶄利用植物叶茎在地下制作球状的巢，经过18天的怀孕期，生下4只至6只仔鼠。每只幼鼠重量约2克，眼睛紧闭，出生后第7天身体开始长毛，至第12、13天张开眼睛，第15天至20天体重增加到15克，开始离巢独立生活，其间雄鼠似乎也参与育幼工作。虽然幼鼠独立不久就进入成熟期，但根据实验室的饲养记录，条件良好时，雌鼠在40日至60日龄、雄鼠在60日至80日龄才开始交配、繁殖。

棕背䶄常在被覆植物的地表或地下的隧道中活动，不擅长跳跃、攀爬，动作也不灵活，因此往往成为狐狸、黄鼠狼、猫头鹰等动物的猎食对象，一些蛇类也是它们的主要天敌。除了天敌攻击之外，疾病侵扰、食物不足、气候严寒，也促使棕背䶄的死亡率较高，在野外成鼠的平均寿命不到一年。

日本田鼠（*Microtus montebelli*）

棕背䶄（*Myodes rufocanus*）

与棕背䶄一同在森林活动的野鼠，还有日本姬鼠与大林姬鼠，它们也偏向植食性，但以树木种子为主食，同时也捕食一些昆虫。这3种野鼠在冬季都不休眠，但大林姬鼠在冬季会降低活动量，以减少体力的消耗。日本姬鼠与大林姬鼠具有明显的贮食性，秋季时会在窝穴中贮藏大量的坚果、种子；棕背䶄则因为不贮食，在冬季仍活泼地在积雪下觅食。不同的生活习性也影响到它们与捕食者的关系，例如猫头鹰之类的猛禽除捕食棕背䶄外，也捕食日本姬鼠、大林姬鼠；而狐狸、蛇等在地表活动的捕食者，则以棕背䶄为主要猎物。

【三种田鼠成鼠的比较】

	日本田鼠 *Microtus montebelli*	棕背䶄北海道亚种 *Myodes rufocanus bedfordiae*	棕背䶄指名亚种 *M.rufocanus rufocanus*
分布地区	日本本州、九州	北海道及附近离岛	欧亚大陆北部
体重（克）	22 ~ 62	30 ~ 45	22 ~ 50
体长（厘米）	9.5 ~ 13.6	11.6 ~ 12.5	10.0 ~ 12.5
尾长（厘米）	3.0 ~ 5.0	4.6 ~ 5.5	2.5 ~ 4.0
后脚长（厘米）	1.7 ~ 2.0	2.0 ~ 2.1	1.7 ~ 2.0
主要栖所	草原、农田	森林、草原、农田	森林
主要食物	草本植物	草本植物、种子、昆虫等	种子、昆虫等

◆ 野鼠的繁殖和活动地盘

前面提过，棕背䶄生活在地下的窝穴里，不具有贮食性，在冬季还需要觅食，因此拥有属于自己的觅食场所及家域（home range，活动范围）。地盘对它们来说非常重要，尤其雌鼠拥有自己的地盘才能和雄鼠交配并怀孕。换句话说，棕背䶄能否繁殖，先决条件就是有没有自己的地盘。通常一只雌鼠的地盘面积大致为350平方米。

到底雌鼠是如何获得自己的地盘的？以下的调查可以提供一部分的答案。在森林内设置A、B两个用木框围起来试验区，面积各0.5公顷，在两个区各释放37只雌鼠和12只雄鼠。A区的37只雌鼠中，16只为成鼠，21只为未成熟的年轻鼠；B区的37只雌鼠都是未成熟的年轻鼠。经过一个月后，A、B两区的情形大为不同。在B区调查到的14只年轻雌鼠中，有10只已到成熟阶段；但在A区存活下来的8只年轻雌鼠皆未成熟，而9只成熟雌鼠都已繁殖，拥有自己的后代。A、B两区进入繁殖期的雌鼠总数分别为9只与10只，差异不大。由此可知，0.5公顷的面积只能容纳9至10只雌鼠繁殖。

A区的年轻雌鼠之所以无法繁殖，原因在于已有成熟雌鼠存在，调查它们地盘的位置即可看出成熟雌鼠对年轻雌鼠的影响。A区的成熟雌鼠与B区新的成熟雌鼠的地盘大致平均分散在整个试验区内，而A区未成熟雌鼠的地盘则局限于试验区的角落且互相重叠。由此可知，已到成熟期的雌鼠会排斥别的雌鼠进入活动范围，使未成熟雌鼠无法形成自己的地盘。但至秋季，随着部分年老雌鼠的死亡，那些未成熟雌鼠继承死亡雌鼠的地盘后，立刻开始繁殖，臻于成熟。地盘对雌鼠性成熟的影响在欧䶄（*Myodes glareolus*）和加氏䶄（*Myodes gapperi*）身上也得到了证实。

然而在一般情形下，要拥有自己的地盘，就必须逐出先前的住户；

这虽是一种很耗体力的行为，但若成功，即可早日留下自己的后代，采取这种策略的，暂且称为早熟繁殖者。另一策略为保留体力，等候先前的住户死亡或迁出，然后不劳而获，采取此策略者称为晚熟繁殖者。从后续一系列实验可知，棕背䶄中的确有早熟者与晚熟者之分，而且它们的寿命及所留下的后代数不同。早熟者与晚熟者的寿命分别为173.2日与221.2日，留下的后代数分别为3.9只与2.3只，也就是说晚熟者较长寿，而早熟者留下的后代数较多。

但值得注意的是，近一半的早熟者虽然怀孕，却未能留下后代；反之，怀孕的晚熟者多数留下了后代。再以只留下后代的早熟者与晚熟者作比较，它们的后代数分别为3.79只与3.70只，差距甚小。早熟者的后代为何没有明显增加？原因在于早熟者中有一些是在不佳条件下勉强怀孕生产的，在这种情况下产生的后代存活率自然低，而晚熟者在发育完全时才交配、怀孕，通常繁殖过程较顺利，后代的体质也较好，总体上反而能达到与早熟者相近的繁殖成功率。

至于寿命，早熟者比晚熟者短约50天。因为怀孕、育幼对雌鼠来说是一大负担，除了要哺乳外，为了让赤裸的仔鼠保暖，母鼠的动作变得缓慢，受掠食者攻击而丧命的概率大为增加。早熟者既然较早繁衍后代，也会较早面临体力消耗及丧命的危险，自然比较短命。调查结果显示，早熟雌鼠中有1/3死于第一次或第二次怀孕、哺乳期；相较之下，晚熟雌鼠等到完全具备条件时才繁殖的策略更有助于其保命。

既然早熟与晚熟各有好处，那么雌鼠如何选择繁殖策略呢？通常幼鼠在15至20日龄时离开母鼠自立，此后雌鼠若是顺利发育，早晚会拥有自己的地盘而开始繁殖，不过早熟者与晚熟者拥有地盘的过程略有差异。开始时它们都局限于条件欠佳的场所，且与其他雌鼠的地盘有所重叠（即共同拥有地盘），但早熟者多与有血缘关系的雌鼠，例如

加氏鼾（*Myodes gapperi*）

自己的母鼠或同母的姊妹等地盘重叠。至于晚熟者，由于母鼠已死亡或失踪，雌性幼鼠只能忍气吞声地与新来的强势雌鼠为邻，如此自然严重影响其生殖器官的发育。看来，母鼠存在与否，似乎是后代雌鼠选择早熟或晚熟策略的关键因子。

棕背鼾是迁移性较弱的老鼠，成熟雌鼠的地盘直径大致为20米，因此无论早熟者或晚熟者，其后代都居留在离出生地不远的地方。早熟雌鼠的母鼠有超过100天的寿命，但晚熟雌鼠的母鼠寿命大致为70天，换句话说，早熟雌鼠和母鼠生活在一起时就开始怀孕生产，但晚熟雌鼠在母鼠死后才怀孕。因此我们可以做如下的推测：当年轻雌鼠到了70日龄时，若母鼠还健在，它可以当早熟者而怀孕；若母鼠不在了，它就只好当晚熟者，因为要拥有及维持自己的地盘必须花力气去排除先前的居住者，对年轻雌鼠来说这可是很大的负担。反之，若能利用母鼠拥有的部分地盘，则可以省下不少力气，转而把体力、营养用在繁殖上。

当然，对没有自己地盘的年轻雌鼠来说，迁移到别处发展也是一种办法。但棕背䶄没有贮脂能力，无法进行长途迁移，加上没有其他雌鼠建立地盘的地方必定有食物不足、地形不适于造巢等缺点，因此棕背䶄真要迁居他处，也是很冒险的事。即使棕背䶄迁入条件极佳的环境，而且幸运地拥有了自己的地盘，这种环境下通常也已有不少同类在此栖息，没多久就会出现密度过高的现象，影响第二代、第三代的繁殖率。

至于雄鼠所扮演的角色，从动物界的婚配制度来说明会较清楚。动物的婚配制度多姿多样，有一雌多雄、一雄多雌、一雄一雌甚至多雌多雄的乱婚，也有以无性生殖繁殖者。例如蜜蜂、蚂蚁等社会性昆虫是典型的一雌多雄制，蜂王趁着一生一次的飞翔旅行，与多只雄蜂交尾，收集它们的精子放在贮精囊中供一辈子使用。其他多种昆虫的雌虫也有与多只雄虫交尾的习性。一雄多雌常见于鹿类、海狗等，即一只雄性拥有由数十只甚至上百只雌性组成的交配群。黑猩猩则以乱婚而知名，在由数只雄性与雌性组成的群体中，它们没有固定的交配对象，且常有交配行为。雌性一天中接受数只雄性的交配，而雄性也一天交配数次。用于形容夫妻恩爱的鸳鸯，过去被认为是典型的一雄一雌制，但经过专家长期的近距离追踪调查，我们已经知道它们之间常有偷香与出墙的行为，尤其每次繁殖期交配的对象都不一样。

从老鼠平常的繁殖行为来看，它们以一雄多雌或乱婚为多，雌鼠一年有数次交配、生产的机会，每次产下的一批仔鼠常是不同父鼠的后代。然而分布在北美、被认为是一雄一雌制的加州白足鼠（*Peromyscus californicus*），其雌、雄鼠虽各自拥有地盘，但范围多有重叠。在一次调查中，通过检查23对加州白足鼠成鼠产下的117只仔鼠的DNA，发现其中有82只来自固定的22对亲鼠，唯一一对改变交

配对象，乃是因为父鼠失踪，母鼠“改嫁”。

根据实验室内的观察，亲鼠共同照顾仔鼠的现象的确存在。在野外，哺乳期的母鼠窝穴里也常可见到雄鼠。分布于南美南部的阿根廷长耳豚鼠是以终生一雄一雌而知名的鼠种。配对的老鼠中有一只进食时，另一只就在附近守护，不同对的豚鼠间少有互动，但它们会共享育儿室，亲鼠每天进入育儿室照顾及哺喂自己的仔鼠。一雌多雄制的老鼠以栖息于非洲南部干燥地带的裸鼹形鼠为代表。关于该鼠的介绍，可以参阅前文“野鼠列传”中的“哺乳类中的变温动物——裸鼹形鼠”。

棕背䶄的雄鼠曾出现在雌鼠育幼的窝穴中，看起来它们可能是一雄一雌制；但棕背䶄的雄鼠并没有自己的地盘，常如游击队般在多只雌鼠的地盘中流浪，这点可从雌、雄幼鼠的活动范围得知。根据观察，雌性幼鼠多在直径20米的范围内活动，移动距离约为35米，但雄性的活动范围直径及迁移距离分别为24米与65米。这种分散行为，与某种群的变动有密切关系。已知雄鼠交配后会在雌鼠阴道内形成交配栓。所谓的交配栓，是指雄性在交配后为了防止雌性再跟其他雄性交配，让部分精液凝固形成的封闭阴道的胶状物质。昆虫中的一些凤蝶、蝙蝠及部分种类的老鼠都有形成交配栓的机制。虽然通过交配栓可以判断雌鼠是否已交配，但很难由此就确定棕背䶄是一雌多雄制或乱婚制。

调查43只生产两次以上的雌鼠，结果发现，每次与同只雄鼠交配的雌鼠有10只，占23%；与不同雄鼠交配的有29只，占67%；其他4只雌鼠的配偶在其第一次生产后死亡或失踪，后续情形不详。看来棕背䶄并非维持稳定的一雌一雄关系，而较近于乱婚。更值得注意的是，雌鼠通常一胎产下4至6只仔鼠，其中有些出自不同的父鼠，其出现率常高达25%至30%。照这个趋势来看，棕背䶄很容易出现“布氏效应”与杀婴行为。

所谓“布氏效应”，指的是将雌、雄各一只小白鼠关在一个笼子里，等它们确实交配后，移去雄鼠，放入另一只雄鼠，此时雌鼠因为受到新雄鼠的刺激而无法怀孕，即使怀孕了，也会将胎儿流掉。这种现象由英籍动物生理学家布尔斯（H. M. Bruce）于1959年发现，因此得名为“布氏效应”。在以后的实验中更进一步得知，将一只不是幼鼠父亲的雄鼠放入正值哺乳期的雌鼠饲养箱，雄鼠会立刻咬死幼鼠，将雌鼠占为自己的交配对象，但雄鼠不会咬死与自己交配过的雌鼠所哺喂的幼鼠。而通过偷换哺乳期幼鼠等实验可知，雄鼠以雌鼠是否和自己交配过来决定要不要咬死幼鼠。

换句话说，雄鼠依据“认母不认婴”的原则来决定是否杀婴。反正在自然条件下，极少发生幼鼠由其他雌鼠代为哺乳的例子，因此雄鼠只要看清楚雌鼠，就不会误杀自己的骨肉。雌鼠一旦中断育婴工作，不久就会发情，与曾咬死自己幼鼠的雄鼠交配，生产新的后代。站在雌鼠的立场，既然雄鼠会杀害它与其他雄鼠交配后所生的后代，不如自己先流掉肚子里的胎儿，将损失减到最低，这样才能尽早开始与新雄鼠交配而怀孕，生产更多拥有自己遗传基因的后代。

这种以杀婴或流产的方式留下后代的繁殖策略，不是老鼠的专利，至今已在狮子、猴子等多种动物身上发现类似案例。无论雄性或雌性，为了留下更多的后代，无不使出浑身解数，而这也是自然界之所以五花八门、多姿多彩的原因之一。

◆野鼠种群数量的变动和扩散

动物生态学领域包括以下三大项：个体生态学、种群生态学、群落生态学。简单地说，个体生态学是针对一只动物的行为、生活习性进行研究的学科；种群生态学是以生活在一个地域的一群同种动物

（种群）为对象，调查种群数量的变化，进而探讨引起变化的原因；群落生态学以生活在特定地域的数种动物为对象，研究它们之间的互动关系。由于所有动物的生活都直接或间接与植物有关，研究这三种生态学时，不能忽略植物的存在。

从本节的标题可知，本节所说的属于种群生态学的领域。关于种群变动的趋势，要从分析食物、天敌、气候等因子的影响着手，才能掌握因果关系，得出正确的结论，由于其中牵涉到的计算及应用算式的根据相当繁杂，在此就不多着墨计算的部分，直接以棕背䶄为例来谈种群变动。

前面提过，在良好的条件下，棕背䶄仔鼠经过15日至20日的哺乳期就能自立，此后母鼠又交配、怀孕。若气候及食物条件更佳，母鼠在哺乳期间即会接受雄鼠的交配并怀孕，一边孕育肚子里的胎儿，一边喂养已出生的婴儿。雌鼠在40日至60日龄、雄鼠在60日至80日龄进入交配繁殖期，已交配的雌鼠经过17日至20日的怀孕期，生下4只至6只婴鼠，虽然它们在野外的平均寿命不到两个月，但较长寿者还能生产数次。

棕背䶄的繁殖能力虽然不及褐家鼠、小家鼠等家鼠，但当条件良好时，一对野鼠一年后的后代数目可达1500只，这个数据说大不算大，但若以此规模繁殖，数年后就会形成鼠“山”鼠“海”。虽说棕背䶄的平均寿命不到两个月，但在实验室内有超过两年的饲养纪录，在野外也有一年多的长寿纪录。研究人员曾在森林里设置3公顷的试验区，春天释放124只刚自立的棕背䶄雌鼠，此后每两周调查区域内的䶄的数量。结果发现，两周后剩下106只，四周后减少为78只，至第36周全数死亡，雌鼠的平均寿命约为60天。利用相同的方法得知，雄鼠的平均寿命比雌鼠略短，为52天至53天。

略为详细地说，雌、雄鼠自立初期的死亡率较高，至第8周只剩一半存活，而第8周正是它们繁殖的盛期，此后至第36周，死亡只数较少，以上是春季出生的仔鼠的命运。至于秋季出生的仔鼠，和春季出生者的情形相同，在自立不久有较高的死亡率，但在第12周至30周的严冬期，几乎看不到死亡的䶄，30周以后，春天渐至，又开始有䶄死亡。如此得知雌、雄鼠的平均寿命分别为124天与91天，约是春季出生者寿命的两倍。为何秋季出生的䶄较长寿？

原来12周大的棕背䶄处于非生殖期，虽然冬季气候寒冷，但因为积雪有隔热作用，积雪下的环境相当稳定，当积雪厚度超过70厘米时，地表温度不受外界温度的影响，几乎维持在0℃，此时䶄暂时解除地域性，共同使用一个巢而在此群居，利用彼此的体温取暖，以减少体力消耗。此外，积雪也保护它们免受狐狸、猛禽类的攻击。而幼鼠长大后也暂留在出生地，与母鼠一起越冬，到了春天才离开自立。虽然此时它们的主食是营养价值不高的赤竹属植物的叶片，但食物到处可见，不怕饿着肚子。春天雪融，䶄进入繁殖期，存活只数又开始减少。

但根据野外的调查，北海道的冬季气温常降到-20℃至-30℃，并非棕背䶄活动的理想环境，它们虽然在厚厚的积雪下仍能存活，但不免受到一些掠食者的影响。关于捕食者对鼠类影响的探讨，始于对旅鼠的研究（详见野鼠列传中的“旅鼠”部分）。已知野鼠与捕食者的关系因当地气候等条件而异，例如在天气严寒的北极圈，组成当地植被的植物种类很有限，生态非常简单，在此取食植物的植食者种类自然不多，靠植食者维持生存的捕食者种类更少。对生活在北极圈的野鼠来说，它们主要的天敌是专吃野鼠的几种小型鼬类，然而在北极圈略往南的区域，捕食野鼠的天敌种类增加，其中包括不仅捕食野鼠也捕食野兔、小鸟的杂食性捕食者，如赤狐、猞猁。虽然赤狐、猞猁个头

较大，不适合在积雪较深之处捕猎，但个头较小的鼬类可以潜入积雪下捕食野鼠。换句话说，在严冬的积雪地域，杂食性捕食者的活动受到限制，而专食性捕食者变成野鼠的重要天敌。

杂食性捕食者在野鼠密度不高时，会捕食其他猎物，但当野鼠密度高时，由于容易捕捉，杂食性捕食者便以野鼠为主要食物。也就是说，其捕猎对象随着野鼠的数量而变，不过捕食者本身的种群数量不太受到野鼠数量的影响。至于以野鼠为主食的捕食者，在野鼠密度较低时，由于营养条件不佳，繁殖并不顺利；但当野鼠密度升高，食物条件变好，捕食者的数量也大幅增加，亦即专食性捕食者的种群数量完全依野鼠的数量而变化。只有在野鼠本身密度升高一段时间后，捕食者的数量才会增加。一般来说，至少在寒带地区，愈寒冷的地域，野鼠密度的变动愈明显，且呈周期性变动。例如在北欧，包括旅鼠在内的一些野鼠的大爆发大致以3年至5年为周期，就旅鼠而言，其大爆发的年份被叫作旅鼠年（leminng year）。

至于北海道的棕背鼾，由于是北海道重要的森林破坏者，早已有针对其长年种群变动的调查资料。数据显示，棕背鼾的种群数量也以3年至5年为周期而起伏。例如，在0.5公顷中设置150个捕鼠器，长期统计捕获的棕背鼾数量，1966年、1970年、1973年的捕获数皆为14只至15只，但1978年、1981年忽然增加到30只以上，1985年为6只，1990年为17只，其他年份的捕获数多在3只以下。至于在1978年及1981年数量突增的原因，可能与1976年间林务单位将工作重点从过去的人工造林转移到维护自然森林有关，当然这也与野鼠的食物条件有密切的关系，关于此点将在下一节中详述。

动物的发育速度、繁殖能力、行为甚至形态，都会受到种群密度的影响，这种现象叫作密度效应（density effect）。生态学中常提到的扩散能力的差异，就属于密度效应之一。已知除越冬期外，棕背䶄在15日至20日龄时，就开始离开出生地，扩散至各地。从对幼鼠的追踪调查得知，雌鼠的移动距离为35.3米，雄鼠为65米，即雌鼠多留在母鼠所在地附近，而雄鼠离开出生地较远。如此雌鼠在母鼠的保护下获得自己的地盘，能早日进行繁殖活动。

为何雄鼠的扩散距离比雌鼠大？雄鼠的多次交配性应是关键。为了与多只雌鼠交配，它必须扩大活动范围。雄鼠的活动圈直径平均达25米，而雌鼠为18米，也就是说雄鼠的行动圈覆盖了数只雌鼠的地盘。另一个更重要的理由是，避免近缘交配。由于雌鼠多在母鼠附近经营地盘，如果雄鼠只在出生地附近活动，交配对象将是自己的姊妹！为了后代的繁荣，它不得不远离出生地，寻找没有血缘关系的雌鼠交配。雌、雄鼠的不同策略，不仅为它们的种群带来繁荣，也促使雄鼠提升扩散能力，因此随着雌系后代的增加，雄鼠的迁移距离愈来愈长。

老鼠的种间关系也影响到它们的种群密度，虽然这属于种群生态学的范畴，但在此还是略为介绍。平常老鼠各自选择适合自己生活的场所，分开居住并互不侵犯。家鼠中的褐家鼠居住于容易取得水的地下室或底层，善于爬高的黑家鼠以楼的高层为主要活动场所，如此在一栋大楼中各得其所。就野鼠而言，在日本中部的高山地区，海拔1500米以上主要是安氏小鼠（*Eothenomys andersoni*[1]）的分布区，1500米以下是史氏小鼠的势力范围，由于它们和棕背䶄一样有明显的地域性和分居性，在彼此尊重下，更体现出明显的排他性。

然而当种群密度大增时，野鼠的分居性也产生明显的变化。例如1960年代后期，日本本州岛北部西海岸出现1.2万公顷的海埔新生地，

1 现更名为 *Myodes andersoni*，为䶄属。

由于在此栽培的水稻受到褐家鼠的严重危害，人们不得不停止水稻栽培。而3年的休耕，竟引起日本田鼠的大爆发，它们不仅危害零星的水稻，也啃食以防风为目的而栽植的杨柳，使它们几乎灭绝。经过田鼠的两年全盛期后，褐家鼠再度当道，田鼠数量急速减少。如此在该新生地以两三年为周期，出现褐家鼠与田鼠的拉锯战。

另一方面，田鼠虽是以山林、草原为主要活动场所的野鼠，但当种群密度增大时，它们会侵入大林姬鼠与日本姬鼠栖息的深林里，把原住者赶到新垦区旁的堆木中。然后经过约两年的田鼠爆发期，田鼠密度开始下滑，森林里开始能看到大林姬鼠、日本姬鼠活动，接下来又回到大林姬鼠、日本姬鼠掌握地盘的局面。

◆ 野鼠的大爆发与食物条件

引起野鼠大爆发的原因不少，包括气候、天敌、食物条件等。一些关于栖息密度的调查显示，当一公顷土地上日本田鼠、棕背䶄的只数为2只至5只时，它们与所取食的植物能达成平衡，对造林地没什么损害，可说是正常密度。但有时密度竟升高到一公顷土地上有一两百只，达到大爆发的地步，这种密度骤增的现象主要肇因于食物的增加。

虽然大多数老鼠都是杂食性的，但它们主要的食物仍是植物，尤其生活在山野的野鼠，其食物以草根、树皮、叶片、种子、果实为主，其中草根、树皮等每年的产量大致稳定，种子、果实的产量则不太稳定。由于种子、果实的营养价值较高，在产量好的年份，野鼠们可以发挥繁殖潜能而急速增长，进入大爆发的状态。最具代表性的莫过于赤竹属植物的例子。

赤竹属植物生长到第60年或第120年时开花结实，然后枯死。尤其山白竹（*Sasa albomarginata*）之类高50厘米至100厘米的大型种类，所结的种子是野鼠极佳的食物。虽然它到第120年才同时开花结实，但结实量惊人，100平方米的山白竹结实量往往高达100千克至150千克，而且其营养价值相当于小麦，因此也成为当地居民的临时性食物。赤竹属植物的结实期大致在6、7月，掉落在地上的种子至翌年春天才发芽，在这段期间种子成为野鼠充饥的好食物。由于营养条件转好，平常不适合繁殖的冬季也可以看到不少雌鼠怀孕。

以日本田鼠为例，平常雌鼠一次生下4只，虽然在赤竹属植物的结实期一次生下的婴鼠数并未增加，但由于生产次数增加，种群密度从平常的一公顷四五只增加到200只至250只，达四五十倍之多，相当于实验室内在最佳条件下饲养时的增加率。当密度达到一公顷250只时，一只日本田鼠能够占有的面积只有40平方米（10000 ÷ 250）。日本田鼠也是领域性强的老鼠，平常都在地下20厘米至50厘米处筑造隧道型的巢穴，一只日本田鼠的隧道总长可达30米，但体力较差或较晚出生的日本田鼠常因为无法筑造隧道并建立自己的地盘而离家流浪。因此在大爆发时期，白天也可以看到夜行性的日本田鼠为了寻找新栖所而四处徘徊。

赤竹属植物通常生长于接近山顶的地区，当日本田鼠密度达到饱和状态时，为了另觅生活场所，它们会往山麓方向分散，危害山麓部的农作物。已知一只日本田鼠一天取食10克的食物，200只日本田鼠一天消耗2千克，如此约经10个月便可以食尽赤竹属植物的种子。而种子一旦发芽，就不适合当日本田鼠的食物，此时它们便面临食物不足的困境；尤其是第二年的冬季，在饥寒交迫下，日本田鼠的死亡率激增，渐渐终止此次的大爆发，或者出现旅鼠般的亡命大迁移。它们越山过河，勇往直前，最后遇到难以横越的河川、湖沼甚至海洋而全军覆没。

日本田鼠体长仅约10厘米，通常生活在干燥的林地农田里，宽100米的水域对它们来说，宛如汪洋大海难以横越。因此在日本田鼠大爆发后期，常可在较宽的河川或水坝上方发现一群淹死的日本田鼠。它们为何发动这种暴动型迁移？在生理、心理学上有数种解释。这和前一节提到的棕背䶄以四五年为周期大爆发一样，不能只从食物条件来解释，还要考虑其他因素。

日本富士山山麓地带的日本田鼠四年一次的周期性大爆发也是值得介绍的例子。通常田鼠先在静冈县富士宫市附近爆发，次年于裾野市爆发，第三年于小山町发生，接下来在山梨县的富士吉田市。为何日本田鼠的大爆发以富士山为中心，以四年为一个周期地按逆时针方向绕一圈？这个问题至今仍然无解。由于老鼠常引起一些让人无法了解的神奇现象，有人甚至提出老鼠可预知火灾、地震发生的说法。

赤竹属植物的开花结实的确有可能引起田鼠、小家鼠等平常以植物种子为主食的鼠种大爆发，但大爆发的鼠种中竟也包括褐家鼠，这是值得注意的。褐家鼠是偏肉食性且凶悍的杂食者，种子不是它的主食，它果真只因为赤竹属植物大量结实而大爆发吗？还是褐家鼠也捕食了大爆发的田鼠、小家鼠之类？例如棕背䶄行动缓慢，在严冬期间造巢于积雪下的地表，在此群居取暖，潜进赤竹丛的褐家鼠要接近棕背䶄并非难事。如此看来，从赤竹的结实到田鼠的大爆发，再到褐家鼠数量的增加，俨然形成另一个引起大爆发的食物链。

野鼠的功与过

◆ 野鼠造成农林业的损失

关于野鼠对人类的危害，可以从野鼠身上的跳蚤、螨蜱说起。它们早在两千万年前就爬到猿人身上寄生，骚扰猿人的安宁，后来部分野鼠侵入猿人生活的洞穴，开始走上家鼠化之路。此后人类经过漫长的采集、渔猎阶段，开始在住处附近种植作物、饲养动物，由于那些作物也是野鼠喜爱的食物，吸引不少野鼠取食，野鼠势力日益壮大，并且随着农业的发达，被列入农业破坏者的名单之中。从相关考古资料可知，早在公元前5000年的埃及第一王朝时代，猫已被用于防鼠。

野鼠带给人们的损失到底有多大？由于野鼠的危害可以分成直接的、间接的及附带性的，因此其损失甚难估计。根据联合国粮农组织（FAO）的统计，在欧美各国，野鼠损害的作物约为总农业生产量的20%，在台湾一些部门统计的也是20%左右，这个数字相当庞大，因为相当于每五个农民就有一个在为老鼠服务，替它们张罗吃的。

先来谈谈狭义的损失，亦即农作物的损害。野鼠是出了名的杂食者，现有的农作物中，可以说没有一种可以幸免于难，而且有些农作物特别受野鼠的喜爱，被蹂躏的程度惨不忍睹。二三十年前，我常到东南亚国家考察农业灾害的发生情况。我发现快到收获期的稻田里稻株东倒西歪，倒伏面积之大，让人以为是野猪成群掠食的结果，但再仔细观察破坏的情况及稻田中留下的脚印，就知道主凶是野鼠。在当地稻田栖息的老鼠是小家鼠、褐家鼠、板齿鼠，其中小家鼠不喜欢潮湿的环境，都在田畔筑巢，只危害巢穴附近的稻株，由于其体长仅

六七厘米，体形小，取食量自然有限。褐家鼠、板齿鼠则因为个头大，取食量极其可观，它们不怕潮湿，会侵入稻田中央，压倒稻茎，取食穗上的稻谷，常弄得几十株，甚至上百株水稻只剩空穗。有意思的是，老鼠似乎跟我们人类一样，懂得辨别米质的好坏，米质良好、味道较佳的水稻品种常遭遇惨重的鼠害。

老鼠对玉米的危害情形也是如此。大约40年前，印度尼西亚政府为了振兴畜牧业，与一家日本企业合作，在苏门答腊的原野开辟了数千公顷的玉米田，种植新改良的品种，用于制造饲料。就在快到收获期时，栖息于周围草原的野鼠倾巢而来，大肆破坏，弄得几乎没有收成。虽然附近一些农民种植的本土品种的玉米也被野鼠掠食，但在新品种玉米田的收获期，野鼠大都将目标瞄准新品种，只有少数青睐本土品种。

此外，花生、甘薯，甚至略带辣味的萝卜之类，也不能免于野鼠的食害。这些根茎类作物只要被老鼠咬一口，就失去了商品价值，因此实际的经济损失是很可观的。在数十年前的台湾，甘薯种植面积仅次于水稻，野鼠取食如此重要的粮食作物，对当地经济的影响不可谓不大。

除了粮食作物，野鼠也朝多种果树下手，尤其一些黑家鼠、大林姬鼠有爬树的习性，它们在树上取食果实是很自然的事。在热带地区具有多种用途的椰子树，便是易受鼠害的经济植物之一。椰子树从播种或果实掉落在地自行发芽，到结出可以收成的果实，大约需要8年时间，此后60年里，每年约结50粒果实，其间果实常受到一些哺乳类的危害，其中又以善于爬树的松鼠和黑家鼠为主要的取食者。不过缅鼠主要啮食直径不到15厘米的未熟果，实际造成的经济损失并不大；褐家鼠、板齿鼠因为只取食掉落地面的果实，也不致影响椰子的产量，

只是雨水常从褐家鼠、板齿鼠咬破的洞孔进入果实里，替蚊子制造产卵场所，因此它们咬过的椰子就成了蚊子的滋生源，造成环境卫生问题。

值得注意的是，黑家鼠在南太平洋群岛中的山丘型岛屿上危害轻微，在完全由珊瑚礁形成的平原型岛屿上则危害较严重。先来看看危害轻微的波纳佩（Ponape）、萨摩亚（Samoa）等有山丘地形的岛屿的情况。波纳佩是面积约450平方公里的小岛，有数座海拔800米高的山，此地常有骤雨，一年降水量达5000毫米，称得上是多雨地区。由于该岛有养猪场、养鸡场并栽培农作物，因此黑家鼠、缅鼠在此地相当猖獗，但有意思的是，岛上随处可见的椰子树并未受到黑家鼠的食害，椰子蟹才是造成损害的元凶。萨摩亚岛上的情形也类似，此地百香果树、椰子树的果实受到缅鼠的严重食害，也被一些褐家鼠取食，然而并未见到黑家鼠肆虐。原因在于此地潮湿，适合褐家鼠生活，而不利于黑家鼠入侵立足。

不过马朱罗（Majuro）、瑙鲁（Nauru）等平原型岛屿的情形就不同了，岛上到处可以看到被咬过的椰子果实，原来椰子所含的汁液及被害果中的积水是黑家鼠主要的水源。

例如，马朱罗是最宽处只有200米、由珊瑚礁形成的细长岛屿，年降水量虽然有4500毫米，但降雨集中在10月和11月。该岛最高处海拔仅5米，没有湖泽、河川、瀑布，除了10月和11月，少有降雨，能在这样贫瘠的地方生长的植物不多，主要是椰子树与林投树。在海边沿岸的椰子林可以发现许多被野鼠咬过的椰子果实，侧面都有直径五六厘米的洞，大多是老果，但偶尔也有绿色的新鲜果。就绿色的新鲜果来说，里面有100～300毫升的汁液，以及一层富含营养的胚乳，适合当黑家鼠的食物。

以海鸟粪而有名的瑙鲁，情形也一样。该岛最高处海拔65米，雨量稀少，土壤呈石砾状，一下雨，雨水立刻渗入地下，不容易积水成湖。由于此地仅有的一两处小湖沼都是咸水湖，不适合老鼠饮用，因此有洞的被害果实中所积的一点水，一下子就被黑家鼠喝光，不致成为蚊子的滋生源。当然，椰子不过是黑家鼠暂时充饥解渴的食物而已，它还需要啮食其他食物。

附带一提，菲律宾特产的黑家鼠菲律宾亚种（*Rattus rattus mindanensis*）是椰子的重要破坏者。黑家鼠菲律宾亚种善于爬树，有在干地上挖洞筑巢的习性，它不具有贮食性及贮脂性，因此旱季会群聚在河川附近或沼泽地生活，水稻成熟时专吃水稻，但在水稻收割后它便转移到以其他食物，如甘蔗、香蕉及各种根茎类作物为食，偶尔也侵入住房取食人类贮藏的谷物，不过仍以种植在稻田周围的椰子果实为主要取食目标。

油棕是马来西亚重要的特色经济作物，因为果实可以榨油而得名。每到油棕果实的成熟期，生活在附近的黑家鼠就进入油棕园取食果实。一些眼镜蛇为了捕食黑家鼠，也进入油棕园，连带影响农耕作业的效率。在曾以甘蔗为主要特色经济作物的中国台湾、日本冲绳等地，也曾出现类似的情形。在当地的甘蔗园里，常可见到为了捕食野鼠而潜伏其中的烙铁头蛇（龟壳花）等毒蛇，使得蔗农必须时时提防毒蛇，不能专心于农事。

在1980年代以前，甘蔗是台湾很重要的经济作物，自荷兰殖民时代以来，蔗糖（更准确地说是粗糖）为最大宗的外销产品之一。在日本占领时代，野鼠对甘蔗的为害率约为5%至10%，为了防治鼠害，日方特别设置专务机构致力于研究蔗田老鼠生态，已知在春季至秋季的繁殖期，野鼠多在蔗田附近的农田活动，到了秋末，田里的作物稀少，

南撒哈拉蔗鼠（*Thryonomys swinderianus*）

它们便侵入蔗田为害。

在日本的冲绳，粗糖也曾是专卖品中的重要外销商品，当地的蔗田附近常栽植苏铁，黑家鼠常会爬到苏铁树上，取食它的果实。解剖黑家鼠的胃，分析其内容物，苏铁种子占50%至80%，甘蔗茎的纤维顶多占20%，而且只在冬季时较高。原来蔗茎中的含糖量从秋季开始升高，造成野鼠对甘蔗的偏好性。在中国的台湾，甘蔗的主要产地位于中、南部，冬季正值旱季，茎内富含糖、水的甘蔗自然成为野鼠最佳的水源。

前面提过，棕背䶄是日本北海道最主要的森林破坏者，密度为每公顷2只至5只时，不会对林木造成经济损失，但是当种群数量达到20只时，桧木受到食害；达到30只时，松树受到食害；至40只时，冷杉受到食害；超过50只时，其他杉树上也出现明显的食害。若是到了一两百只，就处于大爆发的状态，不仅人工林，连原始林的树木也

受到严重的危害。

受到野鼠危害的当然不止于北海道的针叶树，温带、亚热带地区的多种树木也难逃一劫。例如在冬季会积雪的温带地区，野鼠常在积雪下啮食树根充饥；在养蚕业还是重要产业的年代，桑园也常遭到野鼠肆虐，它们尤其偏爱桑叶质量优良的改良桑种。材质轻、防湿性佳、可当高级家具木料的梧桐树，也是野鼠喜爱取食的树种；尤其梧桐幼树，其树皮柔软，最常成为野鼠攻击的对象。当树干上出现一圈食痕时，这棵树就难逃枯死的命运，即使食痕只是一小部分，这个部位仍易成为木材腐朽菌的侵入口，因而大大影响木材的材质，种植者只好不等树木长大就忍痛砍伐，贱价求售。另一个值得注意的现象是，野鼠在林地上迅速繁殖后，为了纾解密度过高带来的压力，常会成群出现于农田，变成农作物的破坏者。

◆ 野鼠造成畜牧业的损失

除了对农作物的危害，野鼠在畜牧业上造成的损失也超出我们所能想象。就养鸡场来说，野鼠不仅掠食孵化不久的雏鸡，也会弄破蛋壳取食未孵化的鸡蛋，并且影响家禽、家畜的安宁。然而更大的危害是，它们会取食饲料。已知一只老鼠每天的取食量是其体重的1/5至1/4，因此一只体重500克的褐家鼠一天可吃掉约100克的食物（饲料）。根据一些调查显示，栖身在一处养鸡场的老鼠数量至少是饲养鸡数量的1/10，所以保守估计，一家有1000只鸡的养鸡场就有100只老鼠，若它们一天取食的饲料量为10千克，一年就吃掉3.6吨的饲料，这些被吃掉的饲料都得算进养鸡的成本。由于这些饲料是针对鸡的营养需求所配制的，对老鼠来说也是促进发育的营养食物，因此养鸡场的老鼠长得特别好，繁殖得也快，一年后鼠群吃掉的饲料惊人。根据调查，都市餐厅出没的巨无霸褐家鼠体重达550克，养鸡场的老鼠更胜一筹，曾有重达610克的纪录。

不过，在养鸡场不易进行防鼠工作，因为使用毒饵毒杀野鼠时，有时会发生鸡群误食的意外，造成更大的损失。有鉴于此，养鸡业者往往对是否采取防鼠措施犹豫不决，最后竟任由野鼠为害。说养鸡场是老鼠的天堂，一点也不夸张。类似的情形也见于养鸭场、养猪场。至于在动物园里活动的野鼠，不仅偷吃动物的饲料、扰乱它们的安宁，有时甚至成为传播疾病的元凶。

野鼠对牧牛业造成的危害也不可小视，它们除了取食饲料和贮藏的干草，也觊觎放牧地的牧草。繁茂的牧草不但替多种野鼠提供良好的隐蔽场所，也成为田鼠的佳肴，因此田鼠才有牧场野鼠（meadow vole）或牧场小鼠（meadow mouse）的英文名字。当田鼠的种群密度上升到每公顷300至400只时，牧草的生产量往往减少到正常时的1/3，严重影响整个养牛计划。

前面谈到草原犬鼠时提过，草原犬鼠所挖的巢洞常造成牛、羊骨折。其实在放牧地形成隧道的，还有田鼠、小家鼠等（即英文中的vole、mouse之类），它们多多少少都有在地下挖筑隧道的习性，间接影响到畜牧业的发展。

在渔业方面，由于野鼠多在陆地上生活，人们会以为它们跟渔业没什么关系，但其实不然。部分野鼠会守候在鱼池旁，伺机捕捉游近岸边的小鱼，虽然它们的捕食量有限，但捕捉的若是观赏用的高级鱼，那就不妙了。例如在以养殖锦鲤出名的日本新潟县，不乏价值新台币几十万元[1]的高级锦鲤，这种鱼若不幸被野鼠捕食，损失是很惨重的。

---

1 1元新台币＝0.2227元人民币。

此外，野鼠也会破坏渔网。在非出渔期，渔民们会把渔网晒干后收藏在仓库里，这时略带鱼腥味的渔网往往引来褐家鼠之类肉食性较强的老鼠。它们在堆好的渔网中造巢生产，而且为了出入方便，常咬破渔网。当渔期来临，渔民拿出渔网准备捕鱼时，才发现渔网破了好几个洞，已不堪使用，坐失一次捕鱼的机会。

此外，野鼠也是恙虫病、莱姆病（lyme disease）病原的传播者。虽然野鼠日常的食物也包括多种昆虫，可以将它们视为一些农林害虫的捕食性天敌，但持平而论，野鼠对人类的害处还是远多于益处。

有鉴于野鼠对我们日常生活和经济生活影响甚巨，有关单位也配合家鼠防治计划，进行野鼠防治，防治有效率通常高达80%，可谓相当成功。但反过来说，还有20%的老鼠活着。若以野外一只老鼠一年后的后代数量增加到1500只的理论值来估算，因为防鼠措施而减少到1/5的野鼠，不到半年就可恢复防治前的数量。再者，防治大多在冬季进行，接下来就是老鼠繁殖旺盛的春季，恢复可能更快。

◆ 野鼠有传播树种的功能

不少野鼠到了秋天会收集坚果，将坚果贮藏在地下巢穴中，作为越冬时的食物。为了安全起见，它们把坚果分藏在几个地方，但有时也会忘记坚果藏在哪里。到了春天，那些未被野鼠取食的坚果发芽长出新的树苗。在正常情形下，秋天成熟的坚果会直接掉到地上，而且多掉落在树冠底下，即使是巨木，范围半径也不到10米，以此来看，该树的分布范围一年只能扩大数米。这些坚果因为在母树下发芽，自然发育得不好。至于被野鼠搬回巢穴贮藏的坚果，由于离母树有一段距离（即使最近也有数十米之远），发芽后没有树冠荫庇，通常发育得比较好。

根据日本一项在野外置放坚果诱引野鼠的试验，90%的坚果在24

小时内就被大林姬鼠与日本姬鼠搬走，48小时内搬走的高达98%，到第11天完全看不见坚果。另一项调查是，自9月下旬以后，利用以放射性同位素标记的坚果来诱引野鼠，进一步追踪这些坚果的命运，看它们到底是被老鼠取食还是留到翌年发芽。根据在北美林地对白足鼠（*Peromyscus leucopus*）与棕背䶄所做的一项调查，已知在夏季被搬去贮藏的坚果都被野鼠取食，而在秋季被搬去贮藏的坚果比夏季多两倍，其中被野鼠取食者约占总数的2/3。

野鼠贮藏坚果的方法，依其种类而异。不少种类的老鼠为了避免被有类似习性的同好偷走坚果，会把坚果一粒一粒地埋在各处，而为了节省体力与时间，坚果多被埋在两三厘米深的表土下。虽然坚果在地下10厘米深处仍能发芽，但发育得最好的还是埋在两三厘米深的表土下的坚果。

有意思的是，一些野鼠或许知道埋藏的坚果中有一部分没有机会被自己利用，因此通常会埋藏超过自己所需的大量坚果，再加上坚果产量丰富，容易取得，这就促使野鼠埋藏更多坚果；在这种情况下，它来回于落果地与埋藏处的次数自然增多，距离也拉长。虽然落果地与埋藏处的距离长短，跟野鼠的活动圈大小有关，但一般是20米至30米，最长的纪录是137米。然而光是20米至30米的搬运距离，对树木的分散繁衍就有很大的意义。因为这样的距离已不在母树的荫庇之下，翌年发芽的幼苗将不会受到日照不足的影响，而且由于母树的根部不大可能伸展到这么远，土中仍富有幼苗可以利用的养分。另一方面，此处离母树不远，气候、地形条件和母树生长的环境极为相近，极适合幼树的发育。如此看来，部分坚果虽然被野鼠取食，但野鼠和树木之间似乎存在着互利共生的关系。

那么一些野鼠为何形成了埋藏种子的习性？据推测它们原本是以草本植物种子为食的鼠种，虽然可以利用的种子不少，但草本植物结

实期再长，也不过是春季至秋季的半年，为了准备越冬的食物，它们不得不配合木本植物的结果期，发展出埋藏坚果的习性。从维护自然资源的大处着眼，这种习性对维持森林的健全生态很有帮助。

除了前面提的几种野鼠外，红松鼠（*Tamiasciurus* spp.）、花鼠（*Tamias* spp.）及鸟类中的星鸦（*Nucifraga* spp.）、松鸦（*Garrulus* spp.）等，也都有贮藏坚果的习性，尤其冠蓝鸦（*Cyanocitta cristata*）有将坚果搬移4千米的纪录，它们是让一些树种在全球变暖的环境持续生存的推手。

第四部分

老鼠万花筒

台湾有多少种老鼠?

虽然广义的老鼠有1300多种，目前在中国台湾只发现14种，看起来很少，但想想台湾的面积仅占整个地球陆地的四千分之一，这个数据就不算少了。何况在国际贸易日趋频繁的今天，可能还会有一些鼠种混在货物中入侵台湾并立足下来。

分布在台湾的14种老鼠如下:

◎黑家鼠，俗称玄鼠、船鼠、屋顶鼠、熊鼠。

◎褐家鼠，俗称沟鼠、白腹仔、挪威鼠。

◎黄毛鼠，俗称大卵哥仔、大小包。

◎缅鼠，俗称波利尼西亚鼠。

◎小家鼠，俗称月鼠、仓鼠、甘日鼠。

◎卡氏小鼠（*Mus caroli*）。

◎黑线姬鼠，俗称黑带鼠、石鼠。

◎台湾姬鼠（*Apodemus semetos*）。

◎台湾田鼠（*Microtus kikuchii*）。

◎板齿鼠，俗称鬼鼠、大山和。

◎白腹巨鼠（*Niviventer coxingi*），俗称台湾刺鼠、黑皮。

◎高山白腹鼠（*Niviventer culturatus*）。

◎黑腹绒鼠（*Eothenomys melanogaster*），俗称天鹅绒鼠。

◎巢鼠。

其中最大的是板齿鼠，不包括尾巴的体长达20厘米至30厘米；最小的是巢鼠，体长约为5厘米至6厘米。黑家鼠、褐家鼠、小家鼠是三

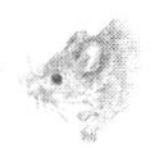

大家鼠，缅鼠是1990年代才从东南亚入侵的鼠种。除了体形最大的板齿鼠外，主要的农业破坏者还包括常出没于西部平地的卡氏小鼠、黄毛鼠、黑线姬鼠。白腹巨鼠和巢鼠是分布范围较广的鼠种，从平地至高海拔地区都看得到它们的踪迹；高山白腹鼠、台湾姬鼠、台湾田鼠、黑腹绒鼠则主要活动于中、高海拔地区。

翻开清朝时期出版的地方志或史籍，可以发现“山鼠”“竹鼠”“飞鼠”“碰尾鼠”“番鼠”等看似属于啮齿目的动物名称，在余文仪等人于乾隆二十五年至二十七年（1760－1762）修纂的《续修台湾府志·卷十七物产》中，还提到“鼠、野猪，牙利如镰”，但从这样的描述很难进一步了解它们的种类。同治三年（1864）英籍外交官郇和（Robert Swinhoe，或译作斯温侯）以*Mus coxinga*之名发表一种原产台湾的老鼠，这是第一个以在台湾采的标本命名的鼠种，种加词取为*coxinga*，是为了纪念郑成功（国姓爷）；不过属名现已改为*Niviventer*。大约50年后，1912年日本人仓冈彦助调查鼠疫病情与台湾鼠种，发表《台湾产之鼠族》，记录了台湾产的11种老鼠，这是首篇就台湾老鼠所撰写的较系统的报告。

谈到关于台湾老鼠的研究，不能不提台北帝国大学（今中国台湾大学）动物学教授青木文一郎（1883–1954）。他自1933年至1945年共发表了21篇有关台湾老鼠的报告，其中最重要的是1941年与学生田中亮合著、由台湾博物馆协会出版的《台湾产鼠类图说》。该书以精彩的彩色生态图版详细介绍除缅鼠外的13种老鼠的形态、习性等，至今仍有极高的参考价值。值得一提的是，同一时期，在台北帝国大学负责画动物图的佐久间文吾（1868–1940），虽然已近七十高龄，还将每一种老鼠关在笼里饲养，日夜观察它们的行为、姿势，花了两年的时间才完成13幅老鼠生态图。令人遗憾的是，他未能亲眼见到这些图作出版即过世。至于个头最大的板齿鼠，原产地为印度，据传在1630年由荷兰人引进台湾，关于板齿鼠的介绍可参见第三部分“野鼠篇”的相关单元。

老鼠会传播哪些疾病?

老鼠的危害不止于咬食我们的食物、农作物或日常用品，更麻烦的是，它们会传播一些疾病，直接威胁到我们的生命。虽然近年来环境卫生改善许多，以抗生素为主的有效的治疗药物也相继出现，不少由老鼠传播的疾病已对人体没有很大的威胁，但我们仍不能掉以轻心。以下就列举一些老鼠传播的疾病和寄生在鼠体的病原菌与寄生虫：

◎由鼠粪及其他排泄物直接传染者：沙门氏菌（*Salmonella*）及志贺氏菌（*Shigella*）引起的食物中毒、短小绦虫病及痢疾。

◎由鼠尿传染者：螺旋菌黄疸病。

◎由鼠咬传染者：鼠咬热。

◎由鼠蚤间接导致者：鼠疫、鼠型斑疹伤寒、绦虫病。

◎由寄生在鼠体上的螨类导致的疾病：鼠螨引起的恙虫病，家螨、螯螨直接刺咬。

其中鼠疫是改写人类历史的超级传染病，后续一节中将详细公布它的罪状，在此先就目前受到我们严密监控的四类疾病略作介绍。

◎食物中毒：有时媒体会报道，参加喜宴的宾客或食用学校营养午餐的学童在进食后上吐下泻，集体食物中毒。此时卫生单位会立刻着手调查食物中是否含有引起肠炎的沙门氏菌及其他微生物。沙门氏菌污染食物的途径不少，鼠尿、鼠粪只是其中之二。由于餐厅人员在准备大量餐点时，不可能将所有的材料都存放在老鼠难以进入的冷藏库中，部分材料只能以厚纸、保鲜膜、布巾盖住，刚好让以温暖、潮湿、食物充足的厨房为家的老鼠有机可乘，一边进食一边排泄。那些

遭到污染的食材如果没有经过妥善调理及加热就供人食用，后果是不难想象的。

◎传染性黄疸病：此病是德籍医师韦尔（Adolf Weil，1848—1916）于1886年发现的，也称为韦尔氏病（Weil's Disease），由一种钩端螺旋菌（*Leptospira* sp.）感染引起，多流行于东方，以鼠尿、鼠血为传播媒介。虽然此病通常不会致死，但患病者会长期觉得身体虚弱，并因黄疸并发其他疾病。由于该螺旋菌喜欢潮湿的环境，厨师、农耕者因为工作的关系，比较容易患上此病，要预防感染，最好穿长筒鞋工作。

在东京上野动物园，曾有一位饲养师因为赤脚清洗养海狮的水池而患上此病，他先是身体发热，全身疲倦、无力，肌肉剧痛，随后陷入昏迷，虽然最终免于一死，但因为黄疸而住院三个月。这个病例看似和老鼠没关系，其实褐家鼠及其他一些适应潮湿环境的老鼠喜欢在水池附近活动，取食海狮吃剩的鱼渣，在这样的条件下，褐家鼠的排泄物进入水池的可能性很大。此病于罹患初期施以抗生素治疗，可以治愈，然而若拖延治疗，仍有10%的死亡率。

◎鼠咬热：这是被带有螺菌（*Spirillum* sp.）及链杆菌（*Streptobacillus* sp.）的老鼠咬伤所引发的病。通常被咬后，经过1至4个星期的潜伏期，才出现伤口红肿、发高烧、全身有暗红色疹斑、关节疼痛肿大等症状，如此维持两三个月之久。虽然此病不是致命性疾病，但足以让患者叫苦连天、终生难忘。通常老鼠携带病菌的概率达15%至20%，除了老鼠外，松鼠、猫、黄鼠狼等也被列为带菌兽，因此被它们咬伤时，伤口需要彻底消毒，必要时还需服用四环素（tetracycline）类的抗生素。

◎恙虫病：这是由寄生在老鼠身上的地理恙螨（*Leptotrombidium deliense*）叮咬所感染的急性热病，恙螨在吸血的过程中，将病原

地理恙螨（*Leptotrombidium deliense*）的成螨与幼螨

菌立克次体（*Rickettsia tsutsugamushi*）注入人体。恙螨的寄主是啮齿类及部分其他小型的哺乳类等动物，其中又以老鼠为最主要的宿主。此病的潜伏期为一至两个星期，症状为发高烧，全身出现红疹，头部、腰部疼痛，陷入昏迷，严重时会死亡。过去没有氯霉素（Chloromycetine）之类的特效药时，恙虫病的致死率常高达30%至40%，现在已几近零，但只就台湾而言，澎湖、兰屿、花莲、台东等地的野地茅草、珊瑚礁壁、花生田、甘薯田等处，仍常有恙螨出没。

其实不只是食物本身会遭到鼠粪污染，在管理较差的厨房里，如瓦斯炉台的防烟盖、食物贮藏柜、调味品置放架、洗净摆在一起的盘子上等，往往可以看到一些鼠粪，说不定我们还在不知不觉中吃了被老鼠污染的食物呢。根据记录，曾有人发现沾有鼠毛的煎饼、有老鼠头骨的豆沙，甚至曾在可乐罐里发现过日本姬鼠的尸体。日本姬鼠是怎么跑进可乐罐里的？原来山上的造林人员喝了一半可乐后，便将可乐罐放在地上，继续工作，结果一只体长仅1厘米的日本姬鼠跑进罐里淹死。老鼠无洞不入的本事，可见一斑。

老鼠传播的世纪性疾病——鼠疫

鼠疫是中世纪至近代最令人惊骇的传染病，顾名思义，它本是老鼠的疾病，通过老鼠传给人。人得了鼠疫后，因为内出血，皮肤出现黑斑，此后随着病情的扩展，黑斑逐渐扩大，最后导致死亡，故鼠疫有“黑死病”（black death）的别称。

其实传播鼠疫的老鼠（尤其是黑家鼠）和人类一样，都是鼠疫的受害者。传播鼠疫的真凶是寄生于鼠体的印度鼠蚤（*Xenopsylla cheopis*），它是广泛分布于埃及至印度一带的一种跳蚤。鼠蚤吸食老鼠身上含有鼠疫菌的血液后，鼠疫菌便在鼠蚤的胃部寄生、繁殖。当鼠蚤再次从鼠体吸血或转而叮咬人体时，鼠疫菌就注入鼠体或人体，使老鼠或人发病而死。因此当鼠疫在人类社会大流行时，常出现不少病死的老鼠。

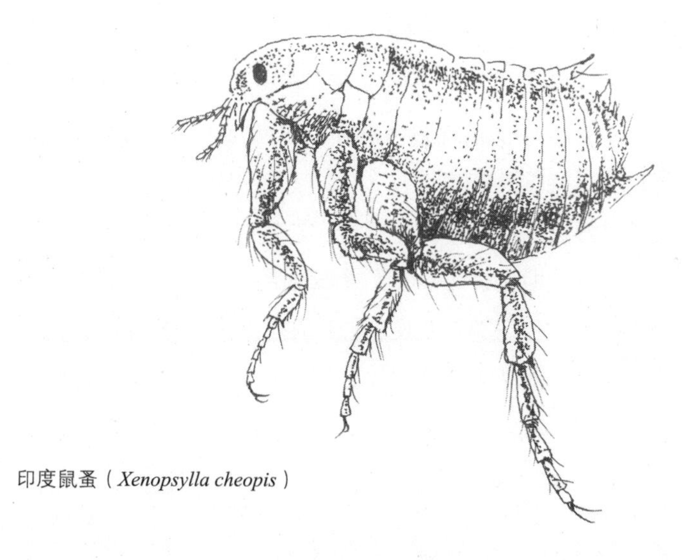

印度鼠蚤（*Xenopsylla cheopis*）

根据较可靠的记录，鼠疫第一次大流行，发生在6世纪后半期（540—590）的意大利北部。虽然没有明确的死亡人数统计，不过有人推算约有上千万人丧生，当时的罗马教皇贝拉基二世（Pelagius Ⅱ）也不能幸免。这场瘟疫削弱了东罗马帝国的势力，也粉碎了查士丁尼大帝重振帝国声威的梦想。

不知为何，自7世纪至11世纪的三百多年间，未见鼠疫在欧洲流行的记录，而1032年在中东地区曾有鼠疫爆发。数据显示，传播鼠疫的老鼠是在12世纪初第一次十字军东征归来时才分布于欧洲的。由于褐家鼠在18世纪才侵入欧洲，从此分析，引起此次鼠疫爆发的元凶应该还是黑家鼠。

1347年到1350年间，鼠疫的第二次大流行造成欧洲人口锐减。其实在稍早的1330年代，中国西域敦煌西部约一千公里的塔克拉玛干沙漠附近就有鼠疫流行，一般认为欧洲14世纪的鼠疫爆发是此次西域鼠疫的延伸。

1347年鞑靼人在围攻俄国克里米亚半岛的一个城市时，以投石器把鼠疫病人的尸体抛进城内，后来鞑靼大军因为许多士兵死于鼠疫而被迫撤退，意大利大军虽然获胜，但多数人在回国途中也因为感染鼠疫而死，侥幸回到家乡的士兵成为带菌者，使鼠疫从意大利主要港口热那亚、威尼斯蔓延到欧洲各地。

意大利作家薄伽丘（Boccaccio，1313—1375）曾在《十日谈》（*The Decameron*）里记下当时的鼠疫疫情。根据他的记述，光是在翡冷翠（Firenze，今称佛罗伦萨）就有10万人死于鼠疫，罗马的人口只剩下2万人，在欧洲死亡人数至少有2500万人，相当于当时欧洲人口的1/4。当时的罗马教皇克莱门特六世（Clement Ⅵ）为了阻止鼠疫蔓延，常外出进行祈祷和作弥撒，但效果不彰，劳师动众地到处游行，反倒让

鼠疫扩散，最后不得不停止外出。克莱门特六世也要求他的侍医研究鼠疫，但无法找出有效的疗法及防疫措施，只能使用消极的隔离手段。许多医生更因为担心自己被感染而不敢接近病人。当时医生出诊时，身上裹着厚重的黑袍，脸上戴着涂了醋和香水的鸟嘴面具，头戴黑帽，手里还拿着一根棍子，他们认为这身打扮对病魔有吓阻作用，其实不然，这反而让病人更加害怕，使社会陷入一片恐慌。

有人把鼠疫的蔓延归咎于犹太人，因此1348年起，欧洲各地频频出现虐杀犹太人的事件，受害者高达数十万人，其间克莱门特六世虽然下令制止，但未能阻止悲剧的发生。我们一般谈到犹太人受到迫害，想到的都是俄罗斯帝国及德国纳粹时期对犹太人的大屠杀，其实早在14世纪就有大规模的反犹事件。

此后四百年间鼠疫始终威胁着欧洲，其中最有名的一次为1665年的鼠疫大流行，当时伦敦46万人口中，据保守估计至少有7万人死于鼠疫。著名的“Quick，Far，Late”疗法就是当时产生的。此疗法的原则为“附近出现病人时尽快（Quick）离开此地，走得愈远（Far）愈好，愈晚（Late）回来愈好”。但祸不单行，次年9月伦敦发生大火灾，毁坏市中心400英亩范围内1300多栋房屋，其中包括圣保罗教堂、公会大厅、海关等重要建筑物，重挫伦敦民生经济；不过从另一方面来看，此次的灾难也促使伦敦早于欧洲其他城市展开近代都市计划。

除了伦敦，鼠疫也在欧洲各地蔓延。维也纳在1679年时受到鼠疫摧残，至1680年代鼠疫再次大流行，总共约有7600人丧生。为了纪念这场悲剧，奥地利君主利奥波德一世（Leopold Ⅰ）在1690年，于维也纳市中心建了一座鼠疫纪念塔（Pestsaule，即Plague Monument），虽然周围建筑物在第二次世界大战时被炸毁，但纪念塔部分因为维也纳居民以砖头围住进行保护，而免遭毁损的命运。

19世纪末，自印度开始，发生了全球性的鼠疫大流行，在约40年间，至少波及30个国家，夺走了约1300万人的生命。1900年，美国旧金山出现第一个鼠疫病例，后来鼠疫患者人数增到141人，其中130多人丧命。此次鼠疫的发生被认为是停泊在旧金山湾的货船发生火灾，藏匿于船中的老鼠逃生登岸所致。此后美国西部的松鼠、草原犬鼠间常有鼠疫流行。除了美国西部，目前南非、马达加斯加、喜马拉雅山区、印度北部、中国的云南和内蒙古、蒙古国及南美安第斯山区等，都被纳入鼠疫传染区；而在野生动物中间仍可看到散发性的流行。

从1979年至1994年间，在将近30个国家中共有14,386个病例，死亡1535人，尤其1994年在印度，两个月间出现6000个病例，约200人死亡，一度引起国际社会的恐慌，但由于四环素类等抗生素的有效施用，死亡率大幅降低，不致造成世纪性的大流行。根据世界卫生组织报告，目前全世界每年仍约有1000个至3000个病例。

家鼠与柏氏禽刺螨[1]

在“老鼠会传播哪些疾病？”中提到恙螨的恶行恶状，虽然柏氏禽刺螨对我们的危害不像恙螨那么严重，但它更普遍，而且有时更难缠。柏氏禽刺螨也是以老鼠为寄主的，虽然它也吸人血，但严格来说，人血不适宜柏氏禽刺螨繁殖。从柏氏禽刺螨的名称（英文名为tropical rat mite）可知，柏氏禽刺螨与黑家鼠一样，喜欢温暖的地方；在温度稳定且温暖的黑家鼠分布区，可能都有柏氏禽刺螨在黑家鼠身体上或巢中寄居，但褐家鼠就不尽然了，因为褐家鼠有时会在温度低且不适于柏氏禽刺螨居住的潮湿场所活动。当我们换了新棉被、衣服或家具不久，身体便痒起来，可能就是新物品上面的柏氏禽刺螨在作怪，只是此时检查那些新物品已看不到柏氏禽刺螨，因为它们不会一直躲藏在那里，而会转移到人体或别处生活。

由于柏氏禽刺螨的行踪甚难掌握，我们对它的了解相当有限。在1950年代后期，日本大阪商店密集的梅田地域曾流行一种怪病，患者好像得感冒般，发高烧，体温高达40℃，此后头痛、呕吐，三四天后并发肾脏病，排出蛋白尿。该病开始流行时，因病原不明，暂称为“梅田热”，经过研究后才知它是由以老鼠为寄主的格氏血厉螨（*Haemolaelaps glasgowi*）传播的一种毒素病，在中国华北、朝鲜、西伯利亚东部曾广泛流行。

在黑家鼠、褐家鼠的身上可以发现柏氏禽刺螨寄生，但更常见的是毒刺厉螨 （*Echinolaelaps echidninus*）。当寄主老鼠死亡后，这些螨

1 *Qrnithonyssus bacoti*，亦称热带鼠螨。

类由于鼠体温度降低，就离开尸体，四处徘徊，以寻找新寄主，当然有时也会爬到我们人身上。虽然它们没有传播疾病的危险，但被它们叮咬后，皮肤会奇痒无比。在黑家鼠、褐家鼠较多的地方，尤其是设于地下楼层的食品卖场，工作人员就常受到这些螨类的干扰。这是家鼠间接且隐性威胁我们生活的一面。

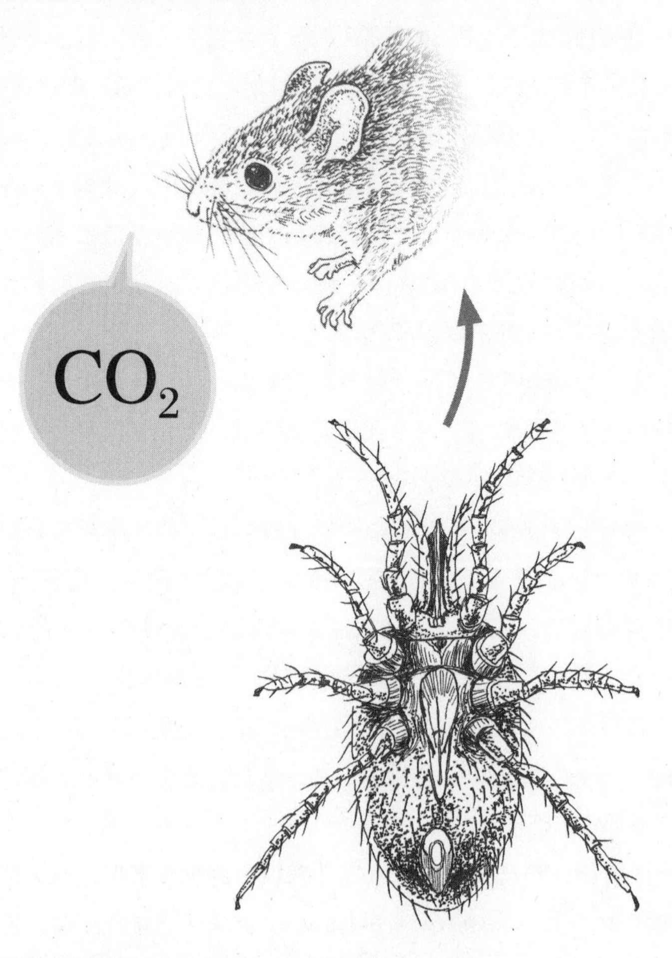

柏氏禽刺螨感受到老鼠呼出的二氧化碳而接近老鼠

另一种鼠类寄生虫——多房棘球绦虫

在第三部分“野鼠篇”中提到过的棕背䶄，由于常见于山野、森林，往往成为多种肉食者捕食的好对象，有些寄生虫便利用这种食物链而生活，多房棘球绦虫（*Echinococcus multilocularis*）便是其中之一。

在野外，多房棘球绦虫寄生的寄主是赤狐（*Vulpes vulpes schrencki*），成虫寄生在赤狐的肠里，在此产下直径0.03毫米的小卵，随赤狐粪便一起排泄于野外，棕背䶄接触到这些卵后就陷入重复的感染。进入鼠体内的卵不久就孵化，幼虫在肝脏开始发育；当赤狐捕食被多房棘球绦虫寄生的䶄后，绦虫幼虫又在赤狐体内发育，变为成虫，开始产卵。

如果多房棘球绦虫的生活圈仅限于䶄与赤狐之间，问题较简单，但由于多房棘球绦虫也会以人体为寄主，问题就变得复杂许多。当我们喝生水或吃野生蔬菜时，若不幸吃下绦虫的卵就会被寄生，此时与䶄体内的情况一样，卵寄生在肝脏后孵化，幼虫以无性生殖的方式繁殖，持续伤害肝脏，若是早期未能发现并治疗，将会致命。

䶄与赤狐感染绦虫的概率，往往与䶄的种群密度有密切的关系。这种现象是很容易理解的，因为䶄一多，赤狐便有较充裕的捕猎对象，加上得了多房棘球绦虫病的䶄行动较缓慢，更易成为赤狐的猎物，如此一来，赤狐感染多房棘球绦虫病的概率也增加。但在多雪地域情形就较为复杂。因为积雪量会影响赤狐的行动及狩猎效率，在这种地方能够存活过冬的䶄数量较多，赤狐一旦不捕食䶄，多房棘球绦虫的传染路线就被切断了。因此，在多雪地域，赤狐的绦虫感染率只因鼩当年的种群数量而变化，和之前年份鼩的多寡无关。然而在少雪地域，由于赤狐冬季也捕食鼩，赤狐遭到绦虫寄生的概率取决于前一年与当年鼩的种群数量。换句话说，捕食者与被捕食者的关系，甚至与它们有关的寄生者的盛衰，都受到当地气候条件的影响。

其实棘球绦虫属（*Echinococcus*）的绦虫，在古希腊时代就是登记有案的著名寄生虫，起初被发现的是以牛、马、猪、羊为中间寄生，成虫寄生于狗、猫、狐、人等的消化道，广泛分布于世界各地的细粒棘球绦虫（*E. granulosus*）。上面提到的多房棘球绦虫平均体长为2.1毫米，比平均体长3.4毫米的细粒棘球绦虫小许多，但对人体的影响远比细粒棘球绦虫严重。细粒棘球绦虫在人体寄生的部位以肝脏为主，但也会寄生于肾脏、脾脏、脑、脊髓、眼窝等部位，当它寄生于脑或眼窝时会引起严重病变。通常细粒棘球绦虫寄生部位周围有结缔组织形成，致使多房棘球绦虫在寄主部位的繁殖受到限制，病情的恶化速度变慢，因此往往经过数年，甚至十多年后，周围健康组织受到压迫时，才发现被细粒棘球绦虫所寄生。但多房棘球绦虫的寄生并不引起结缔组织的形成，多房棘球绦虫快速繁殖，不但造成寄生部中央产生坏疽，部分幼虫还随着血液、淋巴液转移到身体其他部位，在身体多处引起肿疡，使病情恶化得较快。

虽然细粒棘球绦虫广泛分布于世界各地，但在中东地区似乎特别严重，因此有人竟将犹太教徒和伊斯兰教徒禁食猪肉的习俗，归因为猪肉内有细粒棘球绦虫寄生。不幸被细粒棘球绦虫或多房棘球绦虫寄生时，就只能依靠专业医师治疗。但从预防的观点来看，我们能做的是避免接触该绦虫的中间寄主动物的排泄物，并且在野营、露宿时小心保管食物，以免遭到野鼠的偷食及污染。

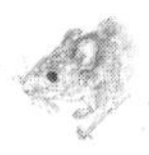

老鼠、蛞蝓及蜗牛的三角关系

蛞蝓、蜗牛是主要栖息于高湿地区、常出现于雨后的软体动物，有时也成为园艺植物的重要天敌。过去在台湾常可看到壳长达七八厘米的褐云玛瑙螺（*Achatina fulica*，俗称非洲大蜗牛），它们往往一个晚上就把一大片菜叶吃光，让种菜的人恨得牙痒痒的。蛞蝓比非洲大蜗牛小，一天的取食量不像后者那么大，但菜叶被蛞蝓吃出洞来后卖相差，在菜市场上也卖不出去。台湾有段时期流行“无壳蜗牛”这个说法，指的是没有自己房子的人，其实从外形来看，蛞蝓才是真正的“无壳蜗牛”。平常我们看蜗牛、蛞蝓，都是从它们与人类的关系的角度来看，其实在野外，它们同田间活动的老鼠的关系远比同人类密切。

就捕食关系而言，老鼠是蜗牛、蛞蝓的天敌，换句话说，蜗牛、蛞蝓是老鼠的食物。根据一次桑葚园的调查，在此捉到的黑家鼠胃内容物70%是桑葚和其他植物的果实与种子，植物的茎、叶、根部占20%以上，昆虫尸体碎片则不到5%。这样的结果并不令人意外，黑家鼠善于爬树，在桑树上取食正值成熟期的桑葚是很自然的事。反观在同一个桑葚园中捉到的褐家鼠，植物性食物只占胃容物的30%左右，桑葚之类的浆果才占其中的1/4，虽然地上有很多桑葚落果，但褐家鼠对它们似乎没有多大兴趣；其余70%都是动物质食物，其中蛞蝓与蚯蚓的尸体各占25.2%。由此可知，褐家鼠是偏爱动物质食物的鼠种，它主要在地上活动，取食同样在地面活动的蛞蝓、蚯蚓，似乎顺理成章。

黑家鼠、褐家鼠对非洲大蜗牛的取食性如何？根据在蜗牛盛产地域的调查，大蜗牛只占黑家鼠胃内容物的5%至6%。而实验室里饲养的黑家鼠只取食壳长3～4厘米的幼蜗牛；黑家鼠会先咬碎尖尖的壳端，再拉出蜗牛的身体来吃，此外它也取食一些蛞蝓。不过蜗牛、蛞蝓并非黑家鼠的主食。褐家鼠则视情况取食蜗牛，有时蜗牛还是褐家鼠很重要的食物来源呢。

值得注意的是，老鼠以及蜗牛、蛞蝓等陆栖软体动物都是广州管圆线虫（*Angiostrongylus cantonensis*，又名广东吸血线虫）的寄主，该线虫广泛分布于中国、东南亚及南太平洋各群岛，成虫雄性体长约15毫米至20毫米，雌性约30毫米，成虫多寄生在老鼠的肺动脉中并在此产卵。孵化的线虫幼虫经由老鼠的肺脏、气管进入消化道，然后随粪便排出体外。线虫幼虫趁着蜗牛、蛞蝓取食鼠粪或接触鼠粪时，再通过蜗牛、蛞蝓体表侵入其体内寄生、繁殖。此后老鼠又取食被线虫幼虫寄生的蜗牛，线虫幼虫从老鼠的胃、小肠，经血管到达肝脏、心脏、肺脏，又随血液循环到达脊髓、脑部；多数线虫幼虫在从心脏到肺动脉的途中完成发育并产卵。

虽然黑家鼠不太喜欢吃蜗牛，但广州管圆线虫似乎在黑家鼠体内长期寄生，根据一次调查，一群黑家鼠的线虫感染率高达40%。至于寄生在小家鼠体内的线虫幼虫，通常都无法发育到成熟期，因此就线虫感染来说，小家鼠算是较安全的鼠种。此外，线虫也会寄生在人体，引起一种脑膜炎。虽然这种脑膜炎的致死率不高，但在中国台湾的台南曾出现过死亡病例。

由于广州管圆线虫的耐热性不高，取食煮熟的蜗牛肉、鼠肉并没有感染线虫的危险，但生吃或取食未煮熟的蜗牛肉、鼠肉，尤其是取食以蜗牛、蛞蝓为主食的褐家鼠肉，被感染的概率就相当高。虽然从皮肤直接感染线虫的概率不高，但还是多多留意为妙。

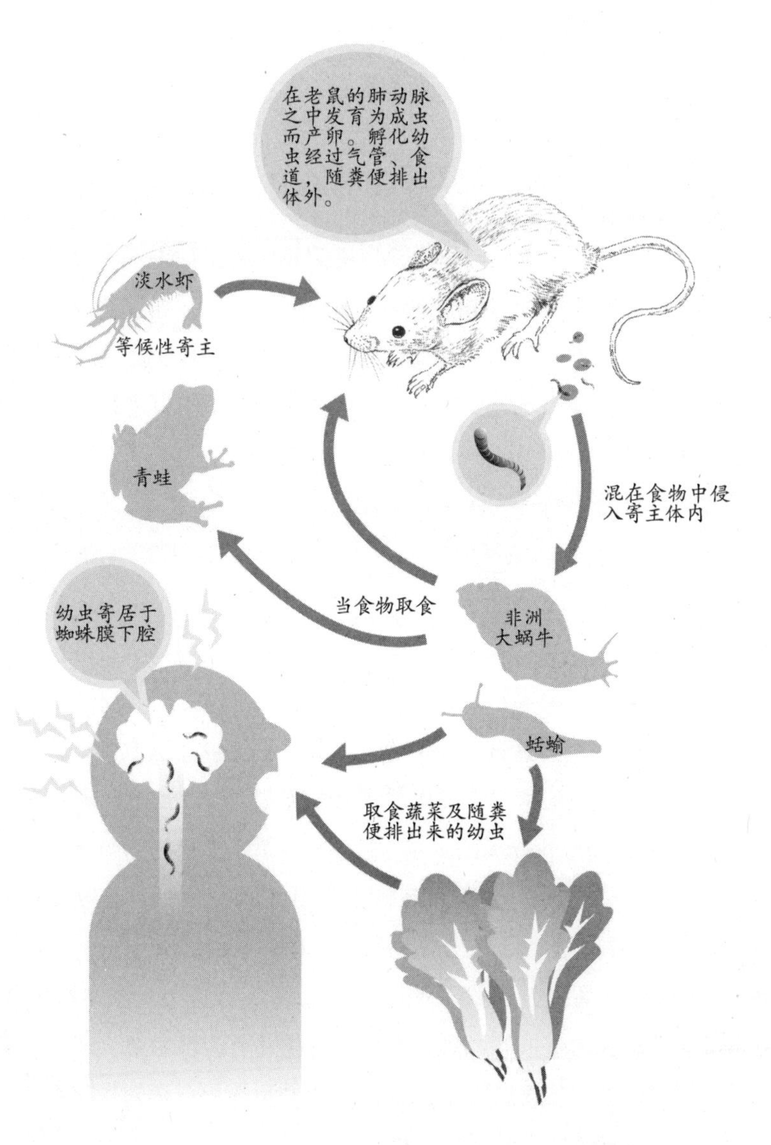

■广州管圆线虫的感染路径

鼠猫之间

老鼠在哺乳动物中算是小型的，除了较锐利的门齿外，没有特殊的攻击性利器。其实它的门齿也没厉害到足以攻击敌害或保命，不过是像成语“穷鼠啮猫[1]”所描述的，在紧要关头奋力一咬，趁对方惊吓而拔腿逃跑。因此以老鼠为食物的动物不少，例如一些蛇类、老鹰、猫头鹰、黄鼠狼等都是老鼠的天敌。但谈到捉老鼠的、老鼠最怕的动物，我们最先想到的就是猫。

关于鼠猫之间的仇恨，古今中外有许多有趣的民间传说。在中国最有名的就是与十二生肖相关的故事，即猫被老鼠欺骗，错过向玉皇大帝报到的时间，没被列进十二生肖的名单，而老鼠不只榜上有名，还高居榜首，从此猫看到老鼠就穷追不舍，成为世仇。传说归传说，不足为据。但根据可靠的史料，已知在古代埃及（大约1万年前至6000年前）农耕发达地区，贮藏的谷物常遭到黑家鼠取食，人们可能发现黑家鼠出没的地方常可以看到一些野猫，于是便驯养利比亚野猫（*Felis silvestris libyca*）来对付黑家鼠。这就是家猫的起源。

古埃及人认为猫是神圣的动物，猫眼能储存阳光，驱散黑暗之鬼，因此一些神庙的壁画上有猫的图案。在公元前2500年的贝尼哈桑（Beni Hasan）考古遗址，曾发现上千具经过良好防腐处理的猫木乃伊，有些甚至还放在木制或铜制的棺材中，有的还有老鼠陪葬。考古学家也曾在尼罗河畔的神庙里发现30万具猫木乃伊。由此可知当时埃及人

---

1 也作“穷鼠啮狸”。

对猫有多重视和喜爱。但在古代，包括以色列在内的一些中东国家，由于宗教上的理由，有好长一段时期并不愿意接纳猫，直到公元1世纪西泽大帝征服埃及后，家猫才被引进欧洲。

在4世纪至8世纪的欧洲，猫被当作捕鼠用动物或宠物广泛饲养。此后随着基督教信仰的传播，猫被赋予许多成见，很长一段时期面临失宠。其中最典型的说法是，猫昼眠夜出，走路没有声音，眼睛在夜晚炯炯有神，是恶魔的化身。在1484年，罗马教皇英诺森八世（Innocent Ⅷ）甚至将上千个宠爱猫或饲养猫的人以“魔女”或“异教徒”之名处死，当然，被杀死的猫更是不计其数。猫的受难期一直到18世纪才结束。但因为对猫的虐杀，欧洲也付出了惨重的代价，曾几次遭遇鼠疫大流行及饥荒。

古埃及人认为猫是生命之神，很早就用猫来防治鼠害

相传14世纪末至15世纪初，有个因猫致富的人。此人名叫理查德·惠廷顿（Richard Whittington，1358—1423），是个成功的商人，曾三次出任伦敦市长。他最为人津津乐道的是他发迹的故事。据传他替一位厨师工作，因为日子过得实在太辛苦，便将唯一的财产——一只猫托给主人代寻养主，准备离开伦敦。没想到就在要离开时，他听见教堂的钟声，似乎在叫他不要离开。后来事情的发展是，他的猫被卖到鼠满为患的摩洛哥，因为很会抓老鼠而为他带来一笔财富。于是惠廷顿靠着这份财富起家，步步高升。当年他在伦敦北边海格特丘（Highgate Hill）听到钟声时所坐的石头今天还保留着，石头上刻了一只猫。不过根据史学家的考证，惠廷顿的祖父是骑士，他本人曾做过纺织贸易商的学徒，是靠进口丝绸致富的，英王理查德二世和亨利四世都是他的客户。关于猫的传说似乎是在他死后两百年才出现的，而石头上那座猫的雕像是1964年才安置上去的。

虽然猫自古即以捕鼠高手而著称，但根据伦敦市在1970年间的调查，在全市所有的猫中能捉老鼠的只占约40%；大约同时期在日本的调查也得到类似的结果：积极捉老鼠的猫只有7%，30%的猫偶尔会攻击老鼠，将近60%的猫似乎对老鼠无动于衷。原来猫是纯肉食性的动物，过去喂猫的饲料中没有充足的动物性蛋白质，在营养不均衡的情况下，猫对含有动物性蛋白质的老鼠肉自然很有兴趣。反观现在，家猫都以富含蛋白质的宠物饲料喂饲，以致失去了捉老鼠的欲望。当然问题不只在食物，在泰国、印度尼西亚、菲律宾等东南亚国家，虽然到处都看得到野猫与家猫，但人们认为它们也不会捉老鼠。

动物园中的老鼠

在伦敦动物园夜行动物馆里有黑家鼠展出，在此可以观察到黑家鼠活动的情形。或许有人觉得大费周章介绍黑家鼠未免小题大作，但对西欧人而言，黑家鼠是自6世纪以来多次蹂躏欧洲的鼠疫（黑死病）的大帮凶，其历史意义远在多种动物之上。但至20世纪后半期，除了在南欧地区外，黑家鼠已成为少见的动物，从这个角度来看，黑家鼠是有展示价值的。根据调查，1951年在英国，有43个地方还可以见到黑家鼠活动，包括伦敦在内；至1956年可以发现黑家鼠的地方只剩33处，而1985年至1989年间，仅有16处港口地区看得到黑家鼠，而且多数地方只能捉到一只。类似的情形也见于德国、奥地利、瑞士等西欧国家。

但有意思的是，其他地区的动物园却是黑家鼠、褐家鼠的乐园，原来为了饲养展示用的动物，那里的动物园备有很多动物质和植物质的饲料，广大的园区里还有沟渠、池塘、草丛、树林，不仅不怕缺水，而且适合筑巢繁殖；有些园区为了饲养热带性或寒带性动物，还有完善的空调设备。由于怕连累其他展示用动物，这里也不敢施用含有杀鼠剂的毒饵。所以，动物园可说是老鼠的天堂。

但老鼠在动物园的猖獗非同小可。老鼠偷吃饲料还是小问题，一些鸟蛋、幼雏、幼兽受到老鼠攻击才是大问题，尤其一些鼠种常是某些疾病的携带者，若这些疾病在动物园传开，后果将不堪设想。除了前文“老鼠会传播哪些疾病？”中提到的饲养师因为赤脚清洗海狮水池而染上黄疸病的案例外，日本东京的上野动物园还曾有一头犀牛被老鼠咬伤后患上传染性黄疸病，幸好发现得早，施以大量抗生素小心医治才救回一命。

附带一提，老鼠对野生动物保护工作的影响也是不容忽视的。举例来说，信天翁是翅展达2米以上的大型保护类鸟类，在信天翁保护区的临海绝壁上常有黑家鼠栖息，虽然黑家鼠以谷粒、种子之类为主食，很少偷袭信天翁的蛋或雏鸟，从表面来看对信天翁的直接危害似乎很有限，但黑家鼠常为了吸取水分而猛吃一些草茎，而这些草茎恰是信天翁用来筑巢的材料之一。不仅如此，信天翁大多选择在杂草繁茂的地方筑巢产卵，以防止所产的卵掉到海中，因此黑家鼠的啃食行为本身严重影响信天翁的筑巢及繁衍，更不用说让繁茂的草原沦为寥寥几根草的秃地了。

老鼠的远亲——兔子

虽然近年来动物分类学者为兔子特别设立了兔形目（Lagomorpha），以区别于老鼠所属的啮齿目，但在较早期的专业书籍中，兔子被归为啮齿目，由此即知老鼠与兔子有亲缘关系。

谈到兔子，我们马上想到的是它的长耳朵与圆球状的短尾巴。这两项的确是兔形目兔科（Laporidae）成员的重要特征。兔形目的另一科为鼠兔科（Ochotonidae），又名鸣兔科，得名鼠兔是因为该科的20多种成员外形和老鼠（尤其是仓鼠）极相似，体重不到300克，耳朵短而圆。但兔子与老鼠的不同在于，其脚端有长毛且尾巴短或无尾。其实将它们从啮齿目中分出来，主要依据不在于耳朵大小、尾巴长短，牙齿的排列方式才是关键。啮齿目动物上颌只有两支门齿，但兔形目动物的上颌门齿后面还有一对楔状的小门齿，亦即共有四支门齿，所以也被称为重齿目（Duplicidentata）。

当然啮齿目与兔形目的差异不止于牙齿，两者在上颌构造、上颌肌肉的连接方式上也有明显的不同。观察它们啮咬东西的行为即知，老鼠的上下颌向上下方向移动，兔子的上下颌向左右方向移动。上下颌向上下方向移动的动物，不能磨碎食物，只能将食物吞下去，猫、狗等肉食性动物都属于这一类。牛、马等有蹄类动物则和兔子一样，上下颌向前后左右方向移动，因此能把富含纤维质的草叶、茎部磨碎。

虽然兔子也会取食昆虫，但它是典型的草食性动物，具备含有大量共生微生物的大型盲肠。由于食物只经过兔子的消化道一次，食物中所含的营养物并未完全被吸收，就夹杂在粪便里排出，因此兔子会取食自己的粪便，利用其中的营养成分。兔子的粪便有硬、软两种，由于软便颜色较暗，且含有多种维生素等营养物，兔子会直接把嘴巴靠近肛门取食软便，吸收里面的养分，再排出一粒一粒的硬便。部分种类的老鼠也具有这种特殊的癖好，不过相较之下，兔子的食粪性较为明显。

在分类学上，兔科一共包括10个属，大致可以分成野兔（hare）与穴兔（rabbit）两大类。野兔都在遗株下、草丛中筑巢，刚出生的仔兔身体有毛，眼睛是睁开的；穴兔通常成群生活，在土中筑造大型的巢穴，刚出生的仔兔光秃无毛，眼睛紧闭，经过约两个星期才张开眼睛。

穴兔只有44个染色体，而野兔有48个，目前被当作家畜或宠物的兔子都是由穴兔育种出来的。虽然在台湾吃兔肉的并不普遍，但在欧洲，尤其是南欧，兔肉是相当常见且上等的肉品。美国曾有一家食品公司推出一种肉丸，根据该公司提供的成分表，是以兔肉与价格较便宜的马肉按照1∶1的比例混合制成的。然而售价实在太便宜，让人不禁对它的成分产生怀疑。经过有关单位的调查才知道，成分表所谓的1∶1并非重量比，竟是指一匹马的马肉中混合一只兔子的肉。该公司的说辞可当作笑话来听，但多少也反映出兔肉是比较高级、比较贵的肉。与其他家畜比较，穴兔的家畜化算是相当晚的，大约开始于公元700年至800年的罗马帝国时代，当时穴兔被放养在庭院里，供妇女狩猎玩耍之用，此后人们为了利用其毛皮和肉，一再育种改良，进而出现如毛丝鼠（Chinchilla，即龙猫）、安哥拉兔（Angora）等生产高级皮草的品种。

兔子虽然不具备有效的防御、攻击性武器，但拥有灵敏的听觉器，它那对长耳朵能随着声音的方向改变位置，有利于察觉敌害的接近。

但光是这样是不够的，敌害当前，还要有顺利逃生的本领才行。因此，兔子还拥有发达的后脚。它发现敌害时，会略微抬起身体，伸出后脚，以最大距离踏出第一步，并产生最佳的加速度。这种姿势像极了我们跑100米的起跑动作，以擅长短程快跑捕猎著称的猎豹，也是采用这种起跑姿势。像兔子这样利用发达的后脚逃生的动物，还有瞪羚、青蛙、蝗虫等。

值得一提的是，兔子的长耳朵也是很重要的体温调节器。兔子跟狗一样，无法靠流汗降低体温，当体温升高时，狗会伸出舌头散热，兔子则是竖起耳朵来降温。原来兔子的耳朵后面没有毛，表皮下则有许多血管，风一吹，温暖的血液就冷却下来。

黑尾兔（*Lepus californicus*）

虽然大多数兔子生活在草原或森林的草丛里，但也有例外，比如生活在美国西部沙漠的黑尾兔（*Lepus californicus*，加利福尼亚兔）。白天沙漠地表温度升高到60℃～70℃时，黑尾兔会躲在岩石下或草丛里避热。它尤其喜欢蹲在略为凹陷且朝北的地方，这样周围的辐射热只会从它的头上流过，不会碰到它的身体。此外，它也会将耳朵背面面向较凉快的北方来散热。利用这些方法，黑尾兔至少让身体代谢所产生的1/3的热量蒸散掉。因此，黑尾兔的耳朵比其他兔子的长且宽，其他如非洲跳鼠、耳廓狐等，也都有一对能帮助调节体温的大耳朵。

坚果是大林姬鼠最爱吃的食物？

迪士尼有一系列以两只花栗鼠“奇奇”（Chip）和“蒂蒂”（Dale）为主角的卡通影片，它们给人的印象就是爱取食或贮藏青冈栎的坚果（nuts）。同样的情形也见于日本大林姬鼠，在它生活的森林中置放青冈栎、桦树果实等坚果时，它会马上走近，将果子搬走；在实验室里喂饲坚果，它也会立刻咬住果实，看来坚果是日本大林姬鼠喜好的食物。但在实验室只以栎树、桦树果实等坚果饲养大林姬鼠时，不到两个星期，大约九成的大林姬鼠宣告死亡，而以人工饲料喂养的大林姬鼠全部活得很好。显然栎树、桦树果实等坚果对大林姬鼠来说并不是很合适的食物。根据实验室的饲养记录，以人工饲料饲养大林姬鼠5天后，体重并无增减，但以栎树果实喂养时，体重减少近25%。从进一步的调查得知，这些大林姬鼠无法从坚果中取得充分的蛋白质，且其排泄物中的蛋白质量多于所摄取的量。换句话说，它们无法利用坚果中的蛋白质，以致因蛋白质耗尽、体重减少而死。原来坚果中的单宁（tannin）

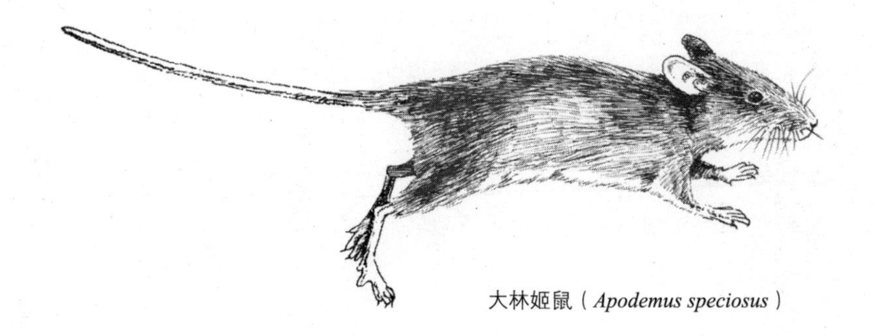

大林姬鼠（*Apodemus speciosus*）

是祸首。单宁会阻碍哺乳动物对蛋白质的消化利用，也会伤害其消化道表皮组织，而栎树坚果中的单宁含量高达8%至10%。

然而森林里的大林姬鼠，的确如同卡通影片中的“奇奇”和“蒂蒂”一样，贮藏并取食栎树坚果。为何实验室的情形与自然界差距甚大？可以想到以下一些可能性：

◎贮藏于土中的坚果所含的单宁会被分解，使毒性减少、可食性提高。

◎虽然单宁在动物体内会阻碍钠的作用，降低蛋白质的消化利用率，但森林里的大林姬鼠有机会摄取较多的钠，降低了单宁的阻碍作用。此外，它也摄取高蛋白质的食物以弥补蛋白质的不足。

◎黏土具有吸附单宁的作用，森林里的大林姬鼠会取食一些土壤，来降低单宁的毒性。

◎在大林姬鼠的唾液中已发现吸附单宁、降低单宁活性的成分。不过在实验室饲养的红森鼠，由于在短期内取食大量坚果，唾液中的活性成分含量对高单宁发挥不了作用。但若逐渐增加坚果的取食量，唾液中的吸附成分会随之增加。

◎坚果也常受到象甲（象鼻虫）幼虫及一些蛀食性蛾类等的危害，这类昆虫体内的某些成分可能具备降低单宁毒性的效果。

◎大林姬鼠消化道中有能降低单宁毒性的共生微生物，但大林姬鼠在实验室内长期饲养时，消化道内共生微生物的种类组成已有所改变，无法充分发挥降低单宁毒性的作用。

到底哪一种可能性最大？目前不得而知，但可以确定的是，大林姬鼠与坚果之间藏着有趣且值得挑战的研究主题。

如何辨识食物中老鼠的遗留物？

俗话说："一粒老鼠屎坏了一锅粥。"在食品工厂、餐厅、面包店，最怕见到老鼠的残留物。若是在食物中发现老鼠的毛、粪粒等，就证明食物已被老鼠污染。受到老鼠排泄物污染的食物，最容易引起食物中毒及其他感染。撇开这些不说，光是想到自己吃进老鼠碰过的食物就够恶心的了。以餐厅为例，深夜打烊后，老鼠可能从天花板、墙壁、角落或瓦斯管空隙等处爬进厨房，在未妥善收藏好的食物、餐具或料理台上自由活动，或取食或排泄，我们在不知不觉中吃进有老鼠"调味"的食物的概率可不低。当然这种情况也可能发生在一般家庭的厨房里。

老鼠为了让自己保持干净，经常舔舐身体，于是部分体毛随着口水进入消化道，不过体毛难以消化，没多久就混在粪粒中排出。除了体毛，鼠粪还包括未被消化的食物残渣、各种纤维、沙粒等，这些物质的来源相当复杂。如果在食物中发现整块粪粒，不难断定食物遭到污染；但在加工、烹饪过程中，粪粒往往受到挤压或被溶解，失去原貌而难以辨认，所以未见鼠粪并不表示食物就没被污染。

发现鼠粪后的重要工作之一就是识别鼠毛。鼠毛的形状、颜色等因鼠种及其身体部位而异，但可以确定的是，鼠毛的色素量比人的毛发少许多，颜色较淡，用显微镜观察很容易识别是鼠毛还是人的毛发。但鼠毛和其他一些动物的毛未必很容易区别。例如曾经在葡萄干上发现一种毛状物，经过详细检查才知道那是红色与黄色的羊毛，大概是从加工葡萄干的工人的毛衣或围巾上掉下来的毛屑。那么到底要如何识别鼠毛呢？从下图可以大致了解它的特征。

其实即使形状完整的粪粒，鼠种之间的差异也不大，不过我们仍然可以从粪粒的大小，来判定它是不是成鼠的排泄物。而幼鼠排泄的粪粒较难识别，有时还会和蟑螂的粪粒混淆，尤其小家鼠幼鼠的粪粒，和蟑螂的粪粒颇为相似。然而在显微镜下仔细观察可以发现，蟑螂的粪粒大多有纵走的条纹或隆起，而鼠粪表面没有任何条纹或隆起。虽然老鼠与蟑螂都是重要的有害动物，但它们在卫生上代表的意义不同，在防治措施上更有很大的差异，因此对它们粪粒的识别是很重要的。

【不同物种粪便的比较】

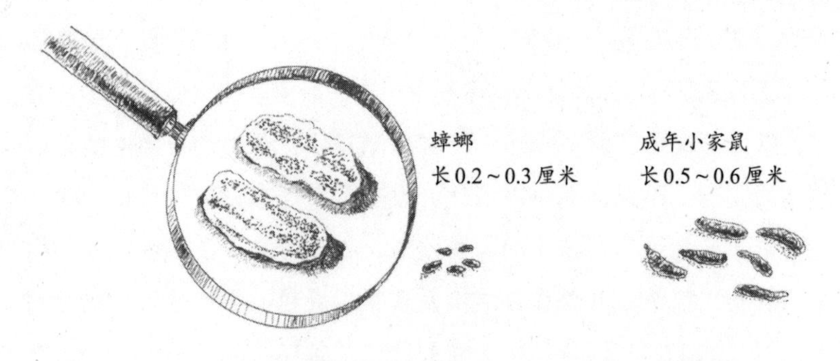

*由于鼠粪的形状没有太大差异，要靠它识别鼠种较难。

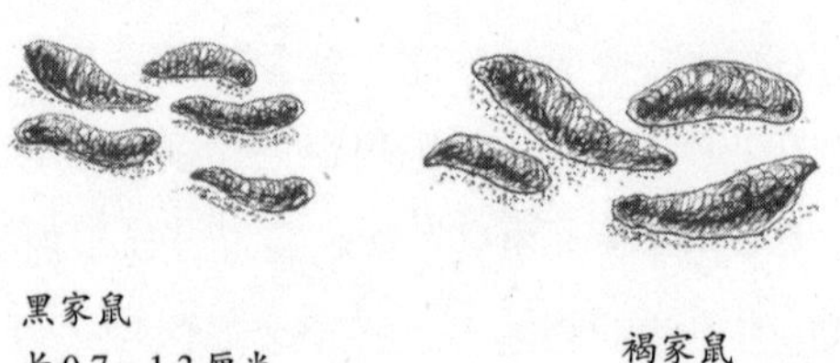

老鼠的避毒保健法

老鼠的主要食物是植物，植物含有多种营养成分，可以促进它们的发育，但植物为了自卫，也含有一些有毒物质，老鼠是如何避免取食这些有毒植物的？它若不幸吃了有毒物质，如何解毒？再者，多种有毒物质常被我们利用作药材，老鼠在野外受伤或罹病时会不会也利用一些植物来治疗自己？这些都是有趣又值得探讨的问题。

动物回避植物体内有毒物质的方法大致有两种：一是依靠能完全分解有毒物质的身体机制，但这种解毒机制能够对付的有毒物质种类并不多；二是摄取多种但少量的有毒物质，以稀释其毒性。例如专吃树叶的中南美洲产树懒或亚洲的叶猴，每天取食十多种树的嫩叶，以中和各种树叶中的毒性。至于鼠类，似乎具备了识别植物有毒或无毒的能力，尤其野鼠的识别能力更强。

不少豆科植物以产生氰化物来回避动物的取食，奇妙的是，田鼠竟然知道选择氰化物含量极少的苜蓿为食物，若只以氰化物含量高的苜蓿喂养，它会减少取食量，把大部分苜蓿贮藏起来，等到苜蓿中所含的氰化物分解后才食用。类似的情形见于生活在北美高原地带的东北鼠兔（*Ochotona hyperborea*）。鼠兔夏季不摄食酚与一种单宁含量很高的野生燕麦，但它会把食物贮藏起来，等到几个月后酚含量减少而没有涩味时，再用作越冬的食物。由于野鼠对有毒物质的识别能力比饲养品系或家鼠强得多，所以在利用毒饵防治野鼠时要有更高明的技巧。

老鼠在识别有毒物质这方面的学习能力很强，面对平常罕见的食物，它往往会提高警觉，看到其他老鼠取食，才跟着取食。不过它并不是非得亲眼看见其他老鼠取食，才能判断该食物是否可食。拜灵敏的嗅觉所赐，只要嗅出其他老鼠的气味，它就可以做出判断。同样地，看到同伴中毒的苦状，它就能猜到食物的危险性。

生活在干旱地域的沙鼠对毒性物质有更高的警觉性，它只相信自己亲族所传递的信息，不会去模仿没有血缘关系的鼠类的取食行为。这是相当明智的做法，因为有血缘关系的老鼠才具备类似的抗毒能力。当动物有了误吃有毒物质而中毒、受苦的经验以后，它往往会记取教训，从此忌食这种食物。老鼠在这方面的学习能力也很强，只凭一次经验，就能在体内建立对某种食物的忌食反应。

哺乳动物的胎儿，不管是在母体的子宫内还是生产以后，都可以通过母奶记住可食性食物的气味、味道。老鼠寿命只有一两年，是短命的动物，它早在母体内时已学会判断哪些是可食性食物，因此能对新的食物表现出很高的警戒心。例如面对新出现的食物，老鼠会先咬一小口，观望一下，等到身体没有异样时，才回来取食剩下的部分。

话题再回到缓和食物毒性的方法。在实验室中，强迫小白鼠取食含有不同分量的单宁、皂苷的食物，它会中毒，然而让它自己在这些食物中选择时，它似乎会考虑这些物质的毒性，轮流取食不同的种类，使进入体内的毒性降到最低。原来小白鼠摄取的单宁和皂苷在肠内结合后，会变成不易被吸收的高分子量物质，这样就不会从肠道吸收进入血液而中毒。至于小白鼠是如何知道多少单宁和皂素混合起来不会产生毒性，目前仍不得而知。

附带一提，老鼠除了懂得回避含有毒性的食物外，也知道如何缓和情绪的压力。让一只大白鼠[1]看到同伴脚上受到电击、肉体尝到苦

1 野生小家鼠的变种。

头，这只大白鼠虽然没有直接受到电击，但情绪受到很大的冲击，它会自动取食吗啡或古柯碱等来缓和痛苦。此外受到强烈闪光等物理刺激的老鼠，会把血压降低，减少心跳次数，以减少心脏的负担。至于被关在小空间的老鼠，可能会为了纾解心理压力而主动取食酒精、吗啡等。所以只用实验室内饲养的动物为研究对象得出的实验结果，往往不能反映它们在野外生活的真实情形。

当益兽的老鼠

老鼠是杂食性的动物，取食植物及各种小动物。其中褐家鼠以偏向于取食动物性食物而有名，解剖它的消化道可发现，其胃内容物中动物性食物占20%。但不要小看这20%，因为老鼠的食量相当大，一天通常取食相当于自己体重1/5至1/4的食物。例如一只体重200克的褐家鼠，一天平均取食约10克动物性食物，若是取食体重0.5克的夜盗虫（黏虫，曾写作沾虫），一天平均取食量多达20只，而夜盗虫是多种农作物的重要害虫，如此看来，褐家鼠虽对农业有害，但也有正面的作用。

其实除了褐家鼠外，其他鼠类也很需要昆虫之类的动物性食物。因为昆虫体内不仅含有不少蛋白质，而且含有老鼠需要的无机盐。再者，老鼠的门齿长得很快，为了充分取得形成牙齿所需的钙质，老鼠必须取食外骨骼发达的昆虫。美国印第安纳州曾以在农田出没、以植物种子为主食的小家鼠为对象，分析其胃内容物成分，结果发现，禾本科、杂草等的种子约占65%，其他植物的茎、叶部约占10%，其余25%是以昆虫为主的小型动物。

小家鼠平常不太喝水，在缺水的谷仓中最为常见，所以也被叫作“仓鼠”，跟当宠物的仓鼠（hamster）同名。小家鼠并不仅靠稻谷存活。它在取食稻谷时，并不取食外面很硬的谷壳，而是取食里面的米粒部分，至于糙米表面的薄皮，则未消化就排泄出来。详细检视小家鼠的粪粒，可以发现不少昆虫碎片。例如将取食粉斑螟蛾、印度谷螟、拟谷盗等昆虫成虫的小家鼠的粪粒浸泡在水中，打碎粪粒后可以

看见水面浮着一些鳞粉及翅鞘的碎片。再调查谷仓中捉到的多只小家鼠的粪粒，发现80%的粪粒含有粉斑螟蛾之类鳞翅目昆虫的碎片，超过40%的粪粒中可以看到玉米象、拟谷盗等甲虫类的尸体碎片。

不过小家鼠并非只捕食贮谷害虫，它也会捕食螟蛾类的寄生性天敌——小茧蜂，40%以上的小家鼠粪粒中都可以发现小茧蜂的尸体。如此看来，为了防治蛀谷害虫所做的一些措施，也能有效断绝谷仓老鼠的营养来源，不过效果不是短期内看得出来的。至于生活在大厦里的小家鼠，则可能是靠啃食剩菜中的鱼骨头或捕食蟑螂及其卵来补充无机盐类。

以老鼠对付害虫不只在谷仓、农田见效，在森林中往往有更明显的防治效果。来看看落叶松红腹叶蜂（*Pristiphora erichsoni*）的例子。落叶松红腹叶蜂是落叶松的重要害虫之一，成熟的幼虫潜入土中化蛹，

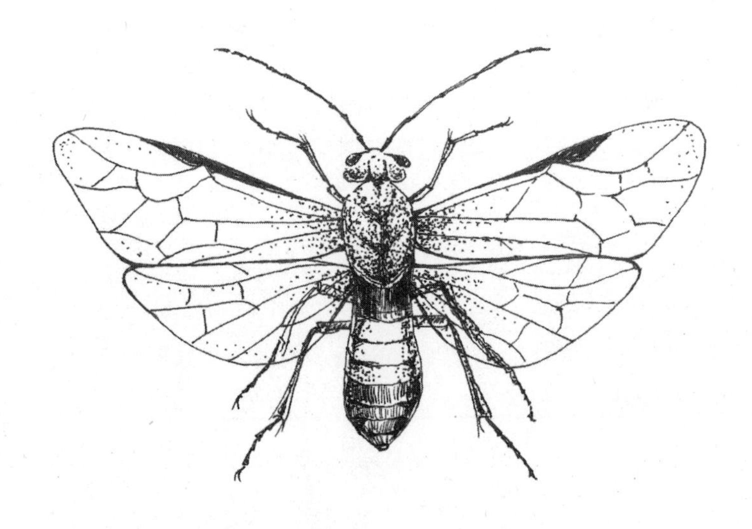

落叶松红腹叶蜂（*Pristiphora erichsoni*）

但只有一部分蛹羽化变为成虫，得以繁殖，然后新生一代的幼虫又继续啃食落叶松的叶子，其他未羽化的蛹继续在土中休眠。有意思的是，到了一个时期，在土中蓄积数年的休眠蛹会忽然同时羽化，引起大爆发，造成一大片落叶松林地受到破坏。不过在土中蛰居的叶蜂蛹是野鼠极理想的食物，根据一次调查，土中约一半的蛹被野鼠取食。而详细观察野鼠的粪粒，也可以发现不少未被消化的叶蜂蛹壳及成虫翅膀，这表示不少叶蜂在地表上羽化前或羽化时被野鼠捕食。由此推测，野鼠对叶蜂蛹及羽化中成虫的捕食行为是影响落叶松红腹叶蜂大爆发的关键因子之一。

总之，野鼠对森林的可持续发展可谓有功有过，森林保护工作之复杂，由此可见一斑。

当人类食物的老鼠

在“野鼠列传”有关豚鼠（天竺鼠）的章节中提到过，南美印加人曾饲养老鼠来吃，吃鼠肉的风气在某些地方相当普遍。其实在中国台湾南部现在仍有少数卖鼠肉的小店、小摊，在东南亚部分地区也有吃鼠肉的习俗。尤其板齿鼠体重接近1千克，在其分布区东南亚、华南等地域，成为最受欢迎的“食用鼠”。

在印度尼西亚，农民在稻田畦旁找到老鼠洞后，先以烟熏赶出里面的老鼠，再捕捉来作为食物；或像我们灌水捉大蟋蟀那样，把水灌进鼠洞里，将老鼠逼出来活捉。据吃过鼠肉的人说，鼠肉味道不错，很像鸡肉，这一点是不难想象的。因为老鼠与鸡相同，都以谷类为主食，肉质及肉味当然相近。由于板齿鼠在冬季会贮积脂肪，据说冬季捕获的板齿鼠味道更好，在泰国乡下传统市场上，一只板齿鼠曾叫价新台币20元左右[1]，以当地物价来看，算是高级食物。

在1960年代，菲律宾为了减少鼠害，鼓励人们捉老鼠来吃，还专门设立了鼠肉罐头公司，其品牌是把老鼠的英文rats倒过来拼成的*STAR*，然而由于经营不善，不久就倒闭了。其实吃鼠肉的习俗可以追溯到40万年前直立人北京种的时代。在发现直立人北京种骨骸的周口店遗址中，曾挖掘到不少烧过的老鼠骨头。在近20种老鼠骨头中，以黑家鼠的最多，也有一些小家鼠的。由此推测，黑家鼠之类在50万至30万年前的洪积世初期，已在人们的生活圈中活动，平时可能靠取食

1 相当于四五元人民币。

猿人吃剩的食物维持生存，当猿人没食物可吃时，老鼠便成为他们的食物。从这个角度来说，老鼠称得上是最早与人类共同生活的家畜。

南太平洋库克群岛有个传说：曾有个身高近3米的巨人，肚子饿时常捉岛民来吃，但没人有办法打倒巨人。后来有一对有智慧的兄弟烤了40多只老鼠给巨人吃，趁他吃饱熟睡时，以棍棒刺他的眼睛并塞进炒烫的岩石，将他弄瞎，成功制服了他。想想库克群岛是由珊瑚礁形成的岛屿，岛上水源不足、植物少，难以饲养家畜，而老鼠是陆栖哺乳类动物，所以巨人自然乐得一口气吃掉那么多老鼠。这个传说反映出，在当地的文化里，鼠肉是可以吃的。

我们常听到“食在广州”的说法，的确广东人以爱吃著称，嗜食多种山珍海味及各式土味。广州有一句俗谚：“天上斑鸠，地下竹鼬。”斑鸠是当地常见的一种野鸽，在台湾也很常见；竹鼬指的是花白竹鼠（*Rhizomys pruinosus*，又名银星竹鼠）及中华竹鼠（*R. sinensis*）之类，它以芒草、竹子为主食，菜市场、餐厅都称之“芒鼠”，其肉质细嫩，脂肪含量低，富含蛋白质。

中华竹鼠（*Rhizomys sinensis*）

鼠肉在东方地区不算上等菜，也非稀奇之菜，但在西欧就不一样了。17世纪英国诗人赫里克（Robert Herrick，1591—1674）的诗集《金苹果乐园》（*Hesperides*）中，有一篇长诗《欧伯伦的盛宴》，诗里提到魔王欧伯伦的菜单上有鼠髭、卤蝶螈腿肉、熏蠼螋、鼹鼠眼、死鹿眼泪等许多让人恶心反胃的菜品。

当实验动物的老鼠

老鼠个头虽小，但对人类的用处可不小。有些鼠可以食用（如板齿鼠），有些鼠的毛皮可当皮草（如海狸鼠），还有些可当宠物（如叙利亚仓鼠），因其具有食虫性，还是多种害虫（如落叶松红腹叶蜂）的天敌。但这些用途与老鼠作为实验动物的利用价值相比较，还是小巫见大巫。每年有上亿只老鼠被当作实验动物用于生理、营养、药品、毒物学等领域的研究，贡献卓著。

实验室常用的“大白鼠”及“小白鼠”，其实分别是褐家鼠与小家鼠的白化品种，只是为了配合各种研究目的，从中又选育出多种不同生理特性的品系，目前已出现体内没有任何共生微生物的“无菌白鼠”品系。如果这些实验鼠忽然消失，上述领域的各项研究恐怕难以进一步发展。

为何这些老鼠对研究工作那么重要？原因在于它们性情较温驯、没有攻击性，操作较方便，而且个头不大，大量饲养时不会占很大的空间，也不需要大量饲料；此外，它们繁殖旺盛、生长迅速，对环境的适应力也强，能提供大量供试材料，用药量也容易控制，可以在短期内得到实验结果。例如大白鼠的寿命约为两年，若以人的平均寿命为75岁，相对而言，大白鼠接受1个月的实验，相当于人的3年。因此连续十天给大白鼠注射一种化学化合物，就可以大致推测一个人连续一年摄取该化合物的后果。这种实验方法常用来测定各种药物、营养物质，甚至农药所引起的慢性中毒。

在此介绍一个较为特殊的例子。以罹患关节炎的大白鼠为实验对

象，喂食含有镇痛剂或未含镇痛剂的食物，可以发现在关节炎未好之前，它只选择含有镇痛剂的食物，拒食不含镇痛剂的食物。1990年代，在神经、感觉生理学还未发展到可以直接测定人体疼痛程度以前，科学家曾利用老鼠对食物的选择性间接判断疼痛程度，并将结果用于各种镇痛剂的开发。

百草枯（paraquat）是一种含有剧毒但很有效的杀草剂，虽然现在已被禁用，但过去曾广泛运用于各种场所。室内实验结果表明，当大白鼠被强迫摄食百草枯时，它会取食一种黏土，以缓和百草枯的毒性。虽然大白鼠需要几个星期内定期取食黏土，才能除去鼠体内的百草枯，但一旦掌握百草枯在鼠体内的中毒机制，我们就能从大白鼠对黏土的

小家鼠（*Mus musculus*）的白化型

取食频率与取食量着手，拟定监测百草枯污染的生态指标。

其实适合当实验鼠的，不只大白鼠与小白鼠。例如，褐家鼠在正常条件下一天的取食量相当于其体重的1/5至1/4，除非一直关在小空间里，不给它动弹的机会，它是不会变胖的。相反地，黑家鼠中的一个品系若略为增加供食量，其贮脂性脂肪组织便急速发达，不到一个月，脂肪含量就占到体重的1/3至1/2。若从这两种老鼠脂肪组织增长的机制及差异深入研究，或许可以掌握人体变胖的真正机制，进而研发出更有效的减肥疗法。

目前已知生活在沙漠上或其他一些干旱地区的老鼠，肾脏具有特异的功能，能浓缩尿液，排泄少量的尿以降低体内水分的消耗；可以预期到，这方面的研究对治疗各种肾脏病必定有所帮助。此外，探讨睡鼠的冬眠机制、旅鼠成群迁移的动机等，也可能对生理学及心理学研究有所启发。

《圣经》中的老鼠

《圣经》中出现过的动物不少，从低等的海绵，到一些存在性受到质疑的龙、海怪，约有一百种，其中当然也包括老鼠。不过，《圣经》中的动物大都出现在比喻中，描述笼统或是已拟人化，很难确认它们的种类。

在《圣经》中，老鼠只是意外出现的角色，而且出现的次数不多，都在《旧约》部分：《利未记》11章29节；《塞缪尔记上》6章11节，以及14至15节；《以赛亚书》2章20节，以及66章7节。共出现过6次。至于《新约》部分则未找到有关老鼠的记载。

在《圣经》中，老鼠是不洁净的、肮脏的动物。虽然《塞缪尔记上》提到了“金老鼠”，但它和“金痔疮”一样，是非利士人退还约柜

黑家鼠（*Rattus rattus*）

给以色列人时送的赔罪礼物，由此来看，可知老鼠被看作毁坏农作物的元凶、田地荒废的象征，代表灾难降临，带有诅咒之意。

在中东地区，老鼠为何被人嫌弃？原来这里大多是沙漠地形，缺水又缺植物，不利于从事农耕，老鼠对好不容易栽培起来的一些作物大快朵颐，当然引起人们的反感。从鼠类扩散过程来看，当时与中东人一起生活的应是植食性的黑家鼠，它们不仅取食有限的贮藏谷物，在野外大肆破坏游牧的羊取食的草，还凭借爬树的绝技爬上枣椰树，取食椰枣，造成为数不少的被害果。所以老鼠在《圣经》中受到这种待遇并不意外。虽然如此，老鼠的劲敌——猫却并未出现在《圣经》中。有人将这归咎于犹太人与埃及人的世仇，因为埃及人把猫当成膜拜对象。对犹太人而言，埃及人是外邦人和异教徒，在摩西时代又对犹太人百般压迫，受到埃及人宠爱敬重的猫自然也成了异教徒的象征。

宗教裁判中的老鼠

在文化晦暗的欧洲中世纪时期，基督教教会针对异端运动所建立的宗教裁判所大行其道，为了维护教会的正统性，不择手段地排除异己，不只女巫、异教人士、反对裁判所的人受到迫害——小者被没收财产、严刑拷打、放逐，大者被处死——就连很多动物竟也成了宗教裁判所审判、刑罚的对象。其中以猪为对象的案例最多，而牛、马、狗、猫、山羊、老鼠以及一些危害人类的昆虫，也曾被列为被告。这些“犯罪”的动物，罪行一经确认，就被关在看守所，经过调查、起诉、辩护、裁判等程序而被判有罪，接受刑罚。动物受审的过程和人受审的情形完全相同。

猪为何是最常受审的动物？原来中世纪时的猪不养在猪舍里，放养在野外的母猪常与雄性野猪交配，所生的仔猪野性较大，往往会攻击人，甚至咬死婴儿，被认为遭到魔鬼附身，因而成为宗教裁判的对象，被判以死刑。至于老鼠，凭借旺盛的繁殖力在田野、果园、谷仓，甚至住宅中大量出现；尤其当时的农田多被繁茂的树林所环绕，附近有沼泽、森林，极适合老鼠大量繁殖。老鼠猖獗的结果是，农夫蒙受损失，当地居民陷入饥馑的恐慌。由于当时的防治方法无法奏效，教会人士转而寻求宗教力量的帮助，期望通过下驱鼠令、洒圣水、念咒或开除教籍等方法来平息鼠患。人们当时到底知不知道这些方法的效果有限？是真的期望它们产生惊人的效果吗？

根据文献记载，下令对老鼠开除教籍的案例发生在1120年法国巴黎东北方的一个小镇上。鉴于毛毛虫与老鼠严重危害葡萄园，当地的主教决定对它们发布开除教籍的命令。于是园主们共同出资，请来一位律师评估葡萄园的损失，在详细检查危害葡萄园的毛毛虫与老鼠的身体特征后，向主教提出对毛毛虫与老鼠的控告。主教指派法官到受害地通知被告准时出庭。它们若未按期出庭，依照规定可以改期三次，若被告最后仍然缺席，便委派律师替被告辩护。到了出庭日，法庭大门大开，等候被告。毛毛虫与老鼠当然没有现身，被告律师如此为它们辩护："毛毛虫和老鼠都是哑巴，出庭后也不能表示自己的意见，所以不出庭。"法官不接受律师的意见，仍然判决开除它们的教籍，并且按照法律规定，连续三个礼拜天在教堂门口及市镇广场张贴开除教籍的告示。公告期间，毛毛虫和老鼠仍能待在为害地域；公告期满，主教便在教堂正式举行开除教籍的仪式。如此看来，即使是对小动物的宗教裁判，也是按部就班，郑重其事。

当然也有些动物裁判案例带有人情味。例如1510年，瑞士与意大利边境的蒂罗尔（Tyrol）地区遭受鼹鼠严重为害，鼹鼠到处挖洞，当地农民无法耕作，因而控告鼹鼠。依照程序，法官裁定鼹鼠必须永久离开该地区，但鼹鼠的律师力陈鼹鼠的动机是捕食农田中的害虫，请求法官网开一面，给它们适当的新栖所，及允诺它们搬家时不会受到猫狗攻击。最后法官撤销立刻永久搬离的命令，并给予幼兽与怀孕中的母兽安全通行的保证以及14天的缓冲期。

在1520年代，法国有一起对老鼠的宗教裁判。法官接到受害农民的诉状后，依照规定传唤野鼠出庭，然而经过三次传唤，它们仍未出庭。初审原告胜诉，但在二审中野鼠的辩护律师说："野鼠分散于各地，只通知三次，无法通知所有的老鼠出庭，应该在每一个教区的教堂发布通告。"辩护律师的第二个理由是："从野鼠居住地到法庭之间旅程遥远，加上途中可能遇到猫、狗等攻击，得绕远路，需要花不少时间。

再者，野鼠中有不少仔鼠，把破坏农作物的账算到仔鼠头上，就等于大人把自己犯的罪归在小孩身上一样，相当不合理。”

虽然最后野鼠仍然被判刑，但这位辩才无碍的律师后来升任南法地区最高法院院长。由此可知，动物的宗教裁判虽极尽荒唐，但对当时基层法庭而言，可说是培训法律专业人士的大好机会。

杀鼠游戏

英国人对动物的爱护是举世闻名的，不过在过去几百年间，英国人对动物其实并不像现在这般尊重。贵族、上流人士之间流行狩猎，狩猎需要一群马、一些赶猎物的人、猎狗等，平常百姓根本玩不起，只好另外找乐子。19世纪时，低收入人群中就流行一种“杀鼠游戏”（rat baiting、rat match）。

所谓杀鼠游戏，是在一个游戏场（pit）内释放多只老鼠与狗，看哪只狗在规定时间内咬死的老鼠最多。这种游戏当然伴随着赌博行为，根据记载，伦敦当时至少有70家杀鼠游戏场，民众们一边看比赛，一边喝啤酒、赌博。杀鼠游戏场是一个以白色木板构成的小空间，在里面释放一堆老鼠后就放狗进去，任由狗杀戮，到了一定时间才让狗出局，同时移走被咬死或咬伤的老鼠，再补充新的老鼠，展开下一回合的竞杀。根据1823年4月的资料，一只叫比利（Billy）的冠军狗在5分30秒的时间里咬死了100只老鼠，即每两三秒咬死一只。但这项辉煌纪录后来被另一只叫杰柯（Jacko）的狗打破，杰柯在1862年5月用5分28秒咬死100只老鼠，同年7月又用2分42秒咬死60只老鼠，即每2.7秒咬死一只。

1835年，英国议会通过禁止狩猎野牛、熊及其他大型动物的法律，但杀鼠游戏并未被禁止。不过在维多利亚女王统治后期，这项“民间娱乐”渐渐受到质疑，除了因为女王本人热爱动物外，也是因为一些人开始以人道精神关心动物及自然环境，进而带动以“狗秀”、“狗博览会”取代杀鼠游戏的社会风气。最后一场公开杀鼠游戏在1912年于

兰开斯特（Leicester）举行，不过游戏场主人后来被重罚，并签下不再举行类似活动的保证书。

然而现在英国仍有以杀鼠为乐的“鼠人（rat man）”，他们并不是以防鼠为业的专业人员，而是纯以杀鼠为休闲活动，例如住在伯明翰郊外的布赖恩·普拉摩（Brian Pramer）。他通常以数只受过训练的黄鼠狼及猎狗为助手，进入常有老鼠（主要是褐家鼠）出没的养鸡场、垃圾处理场等处展开捕鼠行动；为了防止老鼠从裤管爬进，他还将裤管绑紧并套上袜子。即使在晚上，他也不开灯，以免吓阻老鼠出来活动。一旦有多只老鼠出现，他就马上开灯并冲出，吓得老鼠以每小时40千米的速度朝巢穴飞奔。充当助手的狗在后面紧追，而“鼠人”也会机警地掌握老鼠逃跑的路线及巢穴的所在地，用脚阻碍老鼠逃跑或堵塞洞口，并为猎狗指示追鼠的方向。在近两个小时的猎鼠行动中，通常可以捕猎一百多只老鼠，而这些猎物除了少部分留给没参加此次活动的狗儿们，其他就当废弃物处理了。

受到尊敬的老鼠

一般来说，西欧人对老鼠的印象是坏多于好的，似乎只有在童话或童谣里，老鼠才摇身变为可爱的小动物；但在东方某些地域，老鼠往往被视为福神或勇敢、正义的象征而受到尊敬。

例如印度教诸神中的象神（Ganesha），象头人身，体形粗胖，是三大神之一湿婆（Shiva）的儿子、湿婆大军的司令，代表排除一切困难向前迈进；另一方面，他也是带来好运、财富之神。在印度各地的印度教神庙，甚至许多商店里，都供奉着象神的像，而象神旁边都有一只老鼠，有时粗胖身材的象神甚至骑在老鼠身上。原来老鼠是他的护法与坐骑。他虽然是财神，却以老鼠为坐骑，充分表现出节约的美德，也象征着结合大小势力克服任何障碍的精神。想想大象在丛林里迈步前进的威武画面，和老鼠啮咬谷仓墙壁而进的奋发形象，不是很像吗？而这种一大一小的对照，不仅趣味横生，也令人萌生敬意。印度西部有一间印度教寺庙就把老鼠当作神的侍从，信众不但崇拜它，还提供食物喂饲。

老鼠与佛教的渊源也很深，在早期佛教的规定中，比丘尼可以穿的十种衣服，就包括“鼠啮衣”，即用被老鼠咬过的破布、碎布所制成的袈裟。《佛说兴起行经》卷下中一节还记载，曾有一名女子为了陷害释迦，在她衣服下绑了木盆，佯装孕妇到释迦说教之处，宣称怀了释迦的孩子，释迦默然自处，这时帝释天为了护法，化身为老鼠，钻进女子衣服里，咬断绑住木盆的细绳，木盆落地，揭开女子的诡计。此外，在《大唐西域记》卷十二中，也有一群老鼠神兵咬断叛军的马鞍

印度教象神的护法与坐骑是老鼠

及弓弦、链锁等所有武器上的纽带，而赢得胜利的故事。

深受佛教影响的日本也对老鼠有所崇敬。日本民间信仰的“大黑天”是保佑生意兴旺、子孙满堂的神，常以“背着大包包，坐在两个大米袋上，旁边跟着几只老鼠”的形象出现，寓意家里有米才有老鼠，以及如鼠算般子孙满堂。在一百多年前的明治十八年（1892年）发行的一元钞币上，印有以三只老鼠为伴的大黑天像，这种纸币现在已成为稀有的古董纸币，一张价值可能高达新台币六七万元[1]。日本民间还传说有白鼠栖息的人家就会致富。

其实在中国台湾也有类似的传说。老鼠被认为是土地公的仆役，遵照土地公的指示送米给积德之家。此外，农历腊月二十九是老鼠娶亲的日子，因此当天晚上要少开灯，以免干扰老鼠办喜事。

然而在《出曜经》卷五仍有以鼠为戒的“酥瓶之鼠”的故事：有一只老鼠跑进卖酥（羊脂）的商人的酥瓶中偷吃，因为贪图美味而吃个不停，结果吃得胖嘟嘟的，全身呈脂黄色。这时刚好有人来买酥，商人不知道里面有老鼠，以为酥已凝固，便用火烤熔，老鼠因此丧命。故事最后附上“戒为甘露道，放逸为死径，不贪则不死，失道为自丧”的戒语。

不过备受敬爱也最出名的“世界级”老鼠，恐怕还是最后一节中要介绍的米老鼠及其家族。

1 约合人民币1.3万多至1.5万多元。

成语中的老鼠

在人类生活圈出没的老鼠，和一些家畜、家禽一样，很自然地成为人们言谈中的话题、比喻的对象。翻开中文成语辞典，可以找到不少跟老鼠有关的成语。例如，取意于老鼠体形之小的“鼠肝虫臂”“鼠肚鸡肠”“虎头鼠尾”“鼠目寸光”“舍象取鼠”“掘室求鼠”“乘车入鼠穴”；取意于老鼠警觉性之高的“胆小如鼠”“抱头鼠窜”“鼠窃狗盗”“投鼠忌器”；还有在老鼠的外表上大作文章，以社会败类视之的“蛇鼠横行”“贼眉鼠眼”“獐头鼠目”等。

附有“鼠”字的成语几乎没有好的含义；与“鼠”相关的俗谚及歇后语，也清一色是讲老鼠的“坏话”，例如我们常听到的“养老鼠咬布袋”“过街老鼠，人人喊打”“一粒老鼠屎坏了一锅粥”“龙生龙，凤生凤，老鼠的儿子会打洞”等。虽然如此，我们还是不得不佩服先人们对老鼠形态、习性观察的正确性。

事实上，古今中外对老鼠的印象出入不大。我们所谓的老鼠，大致对应于英文的vole、rat、mouse，其中vole是一般所说的野鼠、田鼠、鼩之类，rat指的是黑家鼠、褐家鼠等个头较大者，mouse是指姬鼠或小家鼠等较小的老鼠。由于rat自古以来就侵入我们的生活圈，破坏我们的生活用品，而且是鼠疫的传播者，令人恨之入骨，因此rat被赋以负面的含义，有叛徒、卑鄙小人、临阵脱逃者、背叛者、告密者等义。不只如此，英语日常用语中还用“I smell a rat（我嗅到鼠味）”来表示“我怀疑”“我不相信”“觉得事有蹊跷”，甚至以“Rats!”表示“可恶”“胡说八道”之意。

相较之下，mouse指的是个头较小的老鼠，往往让人联想到娇弱可爱的印象。过去在美国乡下，小家鼠之类的小老鼠常成为孩童的玩伴，孩童们常拿面包、干酪来喂它；而从小家鼠发达的门齿也发展出关于换牙的传说，相传拿孩子脱掉的乳牙去喂小家鼠，能让孩子早日长出健康的恒齿。

此外，mouse 也被用来形容胆小、沉默者，并用于表示计算机的鼠标（光标控制器）。形容“可怜相”时，用的不是rat，而是 mouse，例如 like a drowned mouse（像落水的老鼠那样狼狈），poor as a church mouse（像教堂里的老鼠那样贫困），quiet as a mouse（像老鼠那样闷声不响），drunk as a (drowned) mouse（像老鼠那样烂醉如泥）等。而最能反映mouse与rat形象之别的就是最后一篇要介绍的米老鼠（Mickey Mouse）了。

诗歌中的老鼠

老鼠因为和人类有很深的渊源，很早就成为一些诗歌的题材。成书于两千多年前的《诗经》中就有两篇关于老鼠的诗。在《魏风·硕鼠》中，人们向硕鼠求饶兼抗议，请它们看在多年供养的分上，不要再为害农作物，并且发誓要搬到别的地方：

硕鼠硕鼠，无食我黍！三岁贯女，莫我肯顾。

逝将去女，适彼乐土。乐土乐土，爰得我所！

硕鼠硕鼠，无食我麦！三岁贯女，莫我肯德。

逝将去女，适彼乐国。乐国乐国，爰得我直！

硕鼠硕鼠，无食我苗！三岁贯女，莫我肯劳。

逝将去女，适彼乐郊。乐郊乐郊，谁之永号！

虽然从上下文无从判断硕鼠指的是哪种老鼠，但无疑是一种大老鼠——因为饱食黍、麦、苗（水稻）而硕大。虽然诗中是以老鼠来比喻剥削人民的贪官和不劳而获者的，但也真实呈现了老鼠的本相。

同样地，在《墉风·相鼠》中，老鼠又成为诗人的工具，用来强调礼貌、规矩和礼节的重要，兼而嘲讽春秋时代的官场小人连老鼠都不如：

相鼠有皮，人而无仪。人而无仪，不死何为？

相鼠有齿，人而无止。人而无止，不死何俟？

相鼠有体，人而无礼。人而无礼，胡不遄死？

9世纪的晚唐诗人曹邺也有一首题为《官仓鼠》的讽刺诗，曹邺以仓库中的老鼠来比喻一些贪官污吏：

官仓老鼠大如斗，见人开仓亦不走。健儿无粮百姓饥，谁遣朝朝入君口。

看来老鼠的农业破坏者形象深入人心，且引起民怨，所以成为诗人针砭时弊的工具。老鼠落得这种下场，固然是“自作自受”，但多少也与古代中国的社会环境、文化背景及文以载道的文学观有关。相较之下，当代民间童谣里的老鼠就可爱得多：

小老鼠，上灯台，偷油吃，下不来，叫妈妈，妈不来，叽里咕噜滚下来。

这首童谣不仅点出老鼠和人共居的事实以及它的杂食性——吃点灯的菜籽油，也将它偷偷摸摸的行为描写得很生动。

至于西方诗歌中的老鼠，所代表的形象及意义就更多元、更有意思了。英文世界里口耳相传、家喻户晓的《鹅妈妈童谣》（*Mother Goose Nursery Rhymes*）中，就有不少与老鼠相关的有趣作品。举例如下：

Hickory, dickory, dock!

The mouse ran up the clock;

The clock struck one,

And down he run,

Hickory, dickory, dock!

这首童谣讲的是一只老鼠糊里糊涂爬进嘀嗒嘀嗒的大挂钟，一点钟时大钟用力一敲，老鼠吓得落荒而逃的故事。读者不难想象老鼠那一脸无辜受惊的表情，在偷笑之余，也不免对它寄予同情。

Pussy cat, pussy cat, where have you been?

I've been to London to visit the queen.

Pussy cat, pussy cat, what did you there?

I frightened a little mouse under the chair.

这首童谣说明“老鼠之前，人人平等”，尊贵如英国女王也不能免于它的骚扰。不管猫有没有吹牛，是否真的去了伦敦、见到女王、吓跑王座下的老鼠，猫鼠的世仇关系、伦敦老鼠猖獗的景况，在这首令人莞尔的童谣里表露无遗。

下面这首童谣“*The little mouse*”则是描述老鼠在鼠洞里观望、等待时机采取行动的情形，短短十四行诗句道尽鼠洞里的乾坤以及老鼠戒慎多疑的天性：

I have seen you，little mouse，
Running all about the house，
Through the hole your little eye，
In the wainscot peeping sly，
Hoping soon some crumbs to steal，
To make quite a hearty meal.
Look before you venture out，
See if pussy is about.
If she's gone，you'll quickly run，
To the larder for some fun;
Round about the dishes creep，
Taking into each a peep，
To choose the daintiest that's there，
Spoiling things you do not care.

《彼得兔的故事》（*The Tale of Peter Rabbit*）的作者比阿特丽克斯·波特（Beatrix Potter，1866—1943）写的童谣中也有一些关于老鼠的诗，例如下面这首就将老鼠比喻成住在鞋屋里面、有很多小孩的老妇人，点出了老鼠的生活习性，也暗示老鼠繁殖力旺盛。

You know the old woman

who lived in a shoe?

And had so many children

she didn't know what to do?

I think if she lived in a little shoe-house.

That little old woman was surely a mouse!

另一位出身苏格兰的英国诗人彭斯（Robert Burns，1759—1796）则有一篇名为《给老鼠》（*To a Mouse*）的名诗传世。有“苏格兰国民诗人”之称的彭斯生长在农家，只受过基础的教育，长大后务农，由于饱尝劳动阶级贫弱之苦，他以此为题材写了不少诗，在短短37年的人生旅程中，留下多首经典诗作。

彭斯在27岁时，受到农场经营失败与失恋的双重打击，计划移民到牙买加，为了筹措旅费，他整理旧作，在1786年出版他的首部诗集。出乎他意料，诗集广受好评，于是他决定留在家乡发展。前面提到的《给老鼠》，即收录在这本诗集里。这首诗写于1785年，和他大部分的作品一样，是用苏格兰方言写的，共有48行。因为篇幅有限，在此只摘录前几行：

Wee，sleekit，cowran，tim' rous beastie，

O，what a panic's in thy breastie!

Thou need na start awa sae hasty

Wi bickering brattle!

I wad be laith to rin an，chase thee，

Wi'murd，ring pattle!

彭斯在诗中提到写诗的原委：犁田时他不小心挖出土里的老鼠窝，看见老鼠仓皇逃窜，他觉得万般不忍心，决定向老鼠表达歉意。彭斯

同情受压迫者的立场在这首诗中表露无遗。其实除了向老鼠致敬外，彭斯也发表过《给虱子》（*To a Louse*）的致敬信。他还为苏格兰民谣填上优美动人的歌词，我们常听到的《骊歌》（*Auld Lang Syne*）、《当我行过麦堆》（*Comin thro' the rye*）的歌词都出自他的妙笔。

能与彭斯的《给老鼠》媲美的是美国女诗人埃米莉·狄更生（Emily Dickinson，1830—1886）写的那首编号为93的老鼠诗：

PAPA above!　Regard a Mouse

O'erpowered by the Cat;　Reserve within thy Kingdom

A "mansion" for the Rat!

Sung in seraphic cupboards　To nibble all the day,

While unsuspecting cycles　Wheel pompously away.

（天上的父亲啊！／请怜悯一只老鼠／那被猫所击败的！／请在你的国度里／保留一座“豪宅”给这鼠辈吧！／舒适地在六翼天使的碗柜里／啮咬一整天／在没有察觉的循环里／车轮肃穆地离去！）

独居的天才女诗人狄更生在字里行间透露出她对老鼠的同情及自怜。在编号为793的谈忧伤的诗里，老鼠的身影又出现了：

Grief is a Mouse—

And chooses Wainscot in the Breast

For His Shy House—

And baffles quest—

这首诗讲到忧伤像一只老鼠，以胸腔作为它隐秘的房子，并且拒绝旁人搜寻。其实在这位一生选择并享受孤独的女诗人心中，忧伤也许不只像老鼠，还像小偷、杂耍表演者、老饕呢。

童话中的老鼠

老鼠是跟我们关系密切的小动物，虽然它不像猫、狗那样讨喜，成为人们的宠物，甚至因为其貌不扬而且啮食人们的食物、破坏一些物品而受到唾弃，但它成为人类生活圈里的一分子，却是不争的事实。自然而然地，它也成为不少童话、寓言故事中的主角或配角。

有意思的是，进入文学世界里的老鼠，在人们丰富想象力的推演及悲悯同情下，往往一改在自然界中的负面形象，变成比较有人缘或可亲的角色。

《伊索寓言》中以老鼠为题材的故事有《城市老鼠与乡下老鼠》《给猫挂铃铛》《老鼠报恩》，这些故事里的老鼠不仅贵为主角，而且已经拟人化，有人的至情至性，它们的基本反应和行为其实反射出人类社会的缩影。在英国诗人布朗宁（Robert Browning，1812—1889）所写的故事诗《花衣吹笛人》（*Pied Piper of Hamelin*）中，老鼠虽不是主角，但却是重要的配角，大批老鼠的出现勾勒出欧洲中世纪小镇的环境风貌。

源自佛经故事的童话《老鼠嫁女儿》（或作《老鼠娶新娘》）更是家喻户晓。话说老鼠父亲想把女儿嫁给世界上最伟大、最有能力的“人”，他看中了光辉灿烂的太阳，但太阳说：“我的光常被云挡住，所以云比我伟大。”于是老鼠父亲去找云，但云说：“我常被风吹散，风比我强。”但风说：“我再怎么用力吹，山都会挡住我，我敌不过山。”山却对老鼠说：“没错，我不会动摇，但你们老鼠能在我身上掘土挖洞！”最后，老鼠父亲还是为女儿挑选了老鼠女婿。虽然这个故事是

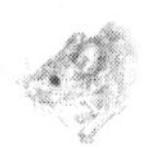

劝人要安分，但也充分反映了老鼠啮咬东西及打地洞的习性。

英国作家肯尼思·格雷厄姆（Kenneth Grahame，1859—1932）在1908年出版的动物童话《柳林风声》（*The Wind in the Willows*），描述的是生活在河边的动物河獭、蟾蜍、獾等的冒险故事，主角是一只胆小、见识不广但憨厚的鼹鼠，它能用敏锐的鼻子嗅出回家的路，而它最要好的朋友是住在河边的、机智的诗人老鼠。作者以这些动物来代表英国各个阶级的人，它们不甘心安于现状，力图闯出一片新天地。这部童话作品是40岁才结婚的格雷厄姆讲给他的独生子听的长篇故事，作品发表后大受欢迎，格雷厄姆也因此奠定童话作家的历史地位。令人遗憾的是，他的独生子在19岁时自杀身亡，从此他就停止了写作。

以《彼得兔的故事》著称于世的比阿特丽克斯·波特也写过以老鼠为题材的《鼠太太小不点的故事》（*The Tales of Mrs. Tittlemouse*，1910）、《两只坏老鼠的故事》（*The Tales of Bad Mice*，1904）、《城里老鼠钱宁的故事》（*The Tale of Johnny Town-Mouse*，1918），以及以松鼠为主角的《松鼠胡来的故事》（*The Tale of Squirrel Nutkin*，1903）、《小松鼠台明的故事》（*The Tale of Timmy Tiptoes*，1911）。

其中,《两只坏老鼠的故事》的主角其实是作者波特养的宠物老鼠，母的叫阿灰（Hunca Munca），公的叫阿秃（Tom Thumb）。波特以生动的文笔描述了它们侵入娃娃小露（Lucinda）和小珍（Jane）香居搞恶作剧的情形。它们趁两个娃娃外出，潜入厨房、餐厅、客厅、卧室，大闹一场。它们正想把一些东西搬回家，恰好小露和小珍回来了，虽然她们抢回一些东西，但两只老鼠还是拿到一个小摇篮和小露的几件衣服。这对老鼠夫妇就利用这些战利品来照顾它们的幼鼠，为幼鼠烹煮东西。小露和小珍不甘心被打劫，打算雇警卫或设些捕鼠器。其实老鼠夫妇不是心存恶念的大坏蛋，它们后来不但赔偿了自己打破的一些盘子和水壶，圣诞夜还在小露和小珍的长袜子里偷塞了一些礼物。

《鼠太太小不点的故事》的主角鼠太太住在矮树根部，很爱干净，但常有毛毛虫、瓢虫、步行虫等小动物闯入它的家。有一天，蟾蜍杰克逊（Mr. Jackson）浑身湿淋淋地跑进鼠太太家，它那沾有泥巴的脚把房子弄得脏兮兮的，鼠太太费了一番工夫才把这位不速之客赶出门。之后鼠太太除了将屋子清扫干净，也顺便把门改小，免得蟾蜍杰克逊再闯进来。后来它邀请四位老鼠好友开狂欢派对，蟾蜍杰克逊听到欢笑声想进屋子，却因门已改小而进不来。鼠太太看蟾蜍杰克逊可怜，从窗口递了一杯杰克逊喜欢的蜂蜜给它。在另一部作品《傅家小兔们的故事》（*The Tale of Flopsy Bunnies*，1909）中，鼠太太又成了主角傅家小兔的“救命恩人”。

这些到底都是童话，而且作者是写给一个病弱的男童看的，所以故事到最后都是非常温馨的结局。附带提一句，波特常在故事里穿插一些关于昆虫的叙述，而且把它们的行为描述得很生动，这跟她年轻时曾在伦敦当时成立不久的自然博物馆研究过昆虫有关。

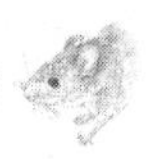

世界上最出名的老鼠——米老鼠

动画大师沃尔特·迪士尼（Walt Disney，1901—1966）笔下的米老鼠（Mickey Mouse）米奇，堪称世界上最出名的老鼠，几乎无人不知、无人不晓，80年来，不仅为一代又一代的人所喜爱，也是电影、电视、广告、商品包装业的宠儿。

从米老鼠的英文名字即知，这只有着圆圆的大耳朵、穿靴戴手套的老鼠的原型，并非恶名昭彰的黑家鼠、褐家鼠之类，而是让人有点好感的小家鼠。据说迪士尼是1926年在从纽约回洛杉矶的长途火车旅行中，为了消磨时间，在火车玻璃上画出来的一只老鼠，替它命名的是迪士尼的夫人莉莉莲（Lillian）。迪士尼本来想到的名字是莫蒂默（Mortimer Mouse）！

米老鼠不是迪士尼设计出来的第一种卡通动物，早在1923年迪士尼就开始构思以动物为主角的动画，1927年米老鼠首度出现在黑白动画短片《飞机迷》（*Plane Crazy*）中，虽然这部动画片并不卖座，但迪士尼并不气馁，又推出了第二部，可反应仍然不如预期，直到1928年11月18日推出第三部米老鼠动画片《汽船威利》（*Steamboat Willie*）才引起热烈的回响。片中的米老鼠伴随着轻快的音乐跺脚、起舞、跳跃、吹口哨，姿态可爱逗趣，让观众暂时忘记了现实的问题；而这部影片也是世界上第一部有声动画片。从此米老鼠声名大噪，奠定了它在世界动画中的主角地位，而11月18日也顺理成章地成了它的生日。《汽船威利》的成功，让迪士尼名利双收，后来他还因为创造出米老鼠而获得了奥斯卡金像奖的特别荣誉奖！

1927年米老鼠初次登场时，它是一只孤单的老鼠，光着脚丫，但第二年它就有了一个穿着迷你超短裙的女朋友米妮（Mini Mouse）相伴；第三年米奇戴上手套，第一次开口说话（由迪士尼亲自配音），它说的第一句话是："Hot Dog!"到了1931年，米奇正式有了狗伴布鲁托（Pluto），1932年另一只狗伴Dippy Dawg加入，后来更名为高飞（Goofy）。此后故事里的人物愈来愈多，情节愈来愈热闹，米奇的造型也逐渐失去啮齿类动物的特性，变得更像人。1935年，米奇首度以彩色面貌现身；1950年代，随着电视机的兴起，米奇转进小屏幕称霸。这期间，米奇也换了好几次造型，尾巴一度消失，衣服从童装改为成人服装，并且从有点狡猾、顽皮又叛逆的个性，逐渐转变成谦卑、诚实、富有正义感、机智、常协助治安单位追捕坏人的正派角色。

虽然米老鼠在美国及世界大部分地区很受欢迎，但在欧洲情形就不太一样。1930年代，米老鼠在欧洲各国并未像在美国这样引起旋风式的热潮，只在意大利受到大众的喜爱；在第二次世界大战前夕，意大利更是唯一不禁止美国动画片的欧洲国家；直到战后，米老鼠才真正获得欧洲人民的接纳。不过，米老鼠那充满正义感、冒险进取、助弱扶强的行为，在欧洲人看来，多少反映出美国人自负的态度。有意思的是，米老鼠坐稳动画宝座没多久，就面临系出同门的后起之星唐老鸭（Donald Duck）的挑战了。

唐老鸭身材高瘦、嘴巴长且尖，戴着黑领结，身穿水手装。它虽然比米老鼠晚7年才诞生，而且刚开始只是陪衬米老鼠的配角，但由于米奇被理想化后，只能扮演比较正经的角色，不能捉弄别人、乱发脾气，所有失控、搞笑、情绪化的行为就由唐老鸭来表现，如此一来反而使唐老鸭令人印象深刻。1937年，唐老鸭改变造型，不只身体变粗变胖、嘴巴变扁，眼睛也变大，表情更加丰富，展现出与米老鼠完

全相反的性格，突显了人性的弱点——懒惰、易怒、自负、爱发牢骚，因而引起人们的共鸣，获得青睐。在这种微妙的情势下，从1940年代起，唐老鸭停止与米老鼠的合作关系，自立门户，成为一系列动画片的主角，声势直逼米老鼠。无论如何，迪士尼对米老鼠这位创业伙伴有着极深厚的感情，他生前提到他的动画王国时，最常说的一句话就是："这都是从一只老鼠开始的！（*It all started with a mouse!*）"的确如此，一只老鼠造就了欢乐洋溢的迪士尼王国！

虽然米老鼠是正义的典范，但在英语世界里也有负面的意思，例如"平凡""不耐用""骗小孩的""便宜货"等含义。原来在1930年代，美国有家钟表公司生产的表面上使用了米老鼠的图案，定价仅两美元，销路很好，不过质量不佳，容易出故障。此外，米老鼠也带有"简单""没有挑战性"的含义，常被学生用来形容作业或科目内容简单、考试容易拿高分。这又何尝不是取自米老鼠的平易近人呢？

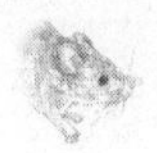

结语

既然老鼠是目前与人类日常生活最为密切而且害多于益的哺乳动物，我们不能不正视它们的存在及其日后可能的发展。在此就从短期和长期两方面来推测它们的命运。

褐家鼠、黑家鼠、小家鼠是目前常见的三种家栖鼠。其中黑家鼠与人类接触的历史最悠久；褐家鼠比黑家鼠个头大，攻击性强，而且繁殖力比黑家鼠更旺盛。褐家鼠从17世纪、18世纪起开始扩大分布范围，威胁到黑家鼠的生存，并成为人类生活环境里的优势鼠种。个头更小的小家鼠，虽然不是褐家鼠、黑家鼠的对手，但它凭借娇小的身体、打游击的活动方式，竟也在人类生活圈中占有一席之地。这三种老鼠间的势力消长，充分反映出近代生活环境及社会样貌的变迁。

一般来说，密闭式的建筑构造对黑家鼠与褐家鼠的入侵能发挥某种程度的阻止效果，相对地，由于竞争者减少，小家鼠自然较容易生存。但在现代化程度高的都市里，林立的高楼大厦却为原本在森林活动、擅长攀登的黑家鼠提供了良好的生活环境。另一方面，过去我们采用的防鼠措施多半是以褐家鼠为对象而开发的，褐家鼠虽然凶猛，但警戒性较低，因此防鼠措施常能大幅降低褐家鼠的数量，让警戒性远比褐家鼠高的黑家鼠得以趁机崛起。除非另外开发针对黑家鼠的防治措施，否则随着高楼大厦的增加，黑家鼠在人类生活圈猖獗的情况将会愈来愈严重。

谈到长期的展望，虽然人类已安然通过中世纪法国预言家诺查丹玛斯（Michel de Nostradamus，1503—1566）说的“1999年7月世界将要毁灭”的大预言的考验，但越来越多的人对于人类持续破坏生态、污染环

境、消耗自然资源感到忧心忡忡，有人甚至担心人类早晚要面临绝迹的命运，届时老鼠、蟑螂等繁殖力惊人的动物将会称霸天下。人类最后真的会绝迹吗？大哉问！虽然我没资格讨论这个大问题，但略懂动物学的我推测这种可能性不高。目前老鼠、蟑螂之所以在我们的生活圈如此嚣张，原因不外乎它们很能适应人为的环境，因此人类若消失，它们赖以生存的环境也将随之改变，试问它们怎么可能继续繁荣下去呢？

从老鼠、蟑螂与人类接触的开端来看，早在数十万年前古人类开始以火取暖、驱逐猛兽时，老鼠、蟑螂就发现人类的生活场所既舒适又安全，而且还有人们吃剩的食物（对蟑螂来说排泄物也是食物），便偷偷进驻。此后人们开始使用工具狩猎，所得的猎物愈来愈多，老鼠、蟑螂不愁吃，渐渐减弱自寻食物、逃离敌害的本领，只求适应人为的环境。不过，老鼠也不全然自私自利，在进入人类生活圈的初期，它也扮演替人们解决剩余食物、捕食一些害虫的角色，当人们缺乏食物时甚至充当食物！然而随着卫生观念的进步以及经济的繁荣发展，人们逐渐体认到老鼠对人类的负面影响远多于正面，开始将它列为不受欢迎的动物，但为时已晚，老鼠已在人为的环境里繁荣壮大，赶也赶不走了。

因此，完全适应人为环境的老鼠，在它们熟悉的环境消失之后，跟着人类一起从地球上灭绝的可能性是存在的；或者它们会乖乖回到森林、原野、河流，重拾野性，恢复以前的生活方式。但数万年来已高度适应人为环境的家鼠是否还有在野外谋生的能力呢？从老鼠对多种环境的适应性来看，在人类消失后家鼠变回野鼠的可能性是极大的。

至于野鼠的前途如何，这个问题就复杂多了。因为在1300多种老鼠中，除了10多种老鼠或多或少在人类的生活圈出没，其他都属于我们所谓的野鼠，它们的生活环境，从高山到平地、森林、草原、沼泽、沙漠等，所受到的人类活动的冲击，即环境遭受破坏的程度，因地域及地形而不同。其中森林、草原是最容易被人类开发利用的，栖息在这里的野鼠必然首当其冲。虽然人类开垦森林、草原，从事农耕的历史已有数万年之久，但较有规模的开发是从18世纪工业革命之后才开始的，进入20世纪后土地开发的步伐加快，一些鼠类确实受到猎捕及栖所破坏带来的冲击，但这顶多二百多年的生活条件的变化，对野鼠的生活习性不致有革命性的影响，因此当人类停止开发、避免干扰时，它们很容易恢复原来的生活方式。

野鼠生态的长期变化，应与目前热议的全球变暖问题有关。在过去的一个世纪里，地球表面气温已上升0.6℃。据推测，至公元2100年，地球的平均气温将升高2℃，即一年气温上升0.02℃，每年以三四公里的速度向北方推进。对环境适应力极佳的老鼠来说，这种幅度的温度变化，应该是可以接受的，一年迁移个三四公里，更不是难事。鼠类基本上属于植食性动物，没有植物就无法生活下去，但绝大多数的树木一年只结果一次，虽然有些结坚果的树种因为野鼠的贮藏行为，得以搬迁到远处，距离也不过几百米；多数种子掉落到树冠下的地面，在此发芽，长成幼树，要经过好几年才能开花结果，扩大分布范围的速度十分缓慢，一年顶多十几米，与上述一年三四千米的温度北进速度差距甚大。也就是说，树木北移的速度赶不上温度北进的速度。在这种情况下，一些树种在它们的分布南界，有可能因为无法适应高温条件而开始枯死，这样栖息在当地的野鼠势必受到很大的影响。类似的情形也可能出现在草本植物身上，虽然影响较为轻微，但也会威胁到草原性野鼠的生存。

由于全球变暖的主因之一是人们活动中所排出的二氧化碳、臭氧等，若人们能有所警觉及节制，节约能源，降低二氧化碳的排放量，将有助于减缓全球变暖，这不只对野鼠和其他生物，对人类自己也是一大福音。

作者后记

我是搞昆虫的，退休前40多年以研究农业害虫谋生，这种经历的人为何写起一本与老鼠有关的书？这当然与我的“鸡婆”个性和自小对动物的喜爱有关。我和老鼠的渊源可以从40多年前[1]的1960年代讲起。

那时台湾的森林，尤其桧木、杉树遭受松鼠、鼯鼠的危害，站在较高的地方瞭望，到处可见树皮剥落、因鼠害而枯死的树木。当时台湾大学植物病虫害学系的系主任易希陶教授（1903—1975）认为，本系的研究范围不应限于植物的病害与虫害，应扩大为植物保护，可是他忙于系务，无法亲自推动有关松鼠、鼯鼠的调查及研究。他看我身体健壮、有多年打橄榄球的经验，又是当时昆虫组中唯一的台湾原住民，跋山涉河、与地方上的居民沟通应该都没问题，似乎是从事山林鼠类研究的理想人选，便指派我研究松鼠。

当时有关松鼠、鼯鼠的资料不多，我只能尽可能地搜集并参考在林地活动的野鼠的相关报告。就这样我逐渐走进鼠类的世界。不过，这个计划三年后因为我赴日本进修而停止。回台后我在研究农业昆虫的生涯中，深深感受到野鼠在农业生产上的负面影响，虽然未直接参与防鼠工作，但私底下仍旧继续搜集并阅读有关报告。当我对本业（农业昆虫的研究）觉得有点厌倦或工作效率低落时，我会跟那些鼠辈打打交道，借此转换心情。多年下来，我对它们已有一些了解，退休

1 本书中文繁体版出版于2007年。

后空闲时间较多，才有机会撰写这本老鼠杂谈。

有些人或许会对这本书感到失望，因为我几乎没提到杀鼠剂，对具体的驱鼠措施也甚少着墨。一方面因为这个部分在其他一些有关“环境有害生物”的书籍中已有较专业的介绍，另一方面是因为我从1997年退休后就离开“杀虫仙”的行业，除非不得已，我不想再对昆虫以及其他动物杀生了。虽然如此，我仍然期盼读者通过本书对老鼠有比较深入的认识，能从更广的角度来看鼠患或防鼠的问题。

感谢为本书写推荐序的台湾大学生态学与演化生物学研究所李玲玲教授。李教授是真正的一直研究哺乳动物的老鼠专家，她愿意在百忙之中抽空为本书写下精彩的序，让我受宠若惊。

也要谢谢八年来协助我处理文稿的编辑游紫玲小姐，以及为本书画绝妙插图、补我文笔不周的黄一峰先生。最后衷心感谢大树文化张蕙芬总编辑的鼓励与支持，使我完成了几乎不可能达成的任务，迎接这21世纪的第一个鼠年。

图书在版编目（CIP）数据

老鼠博物学/朱耀沂著；黄一峰绘.—北京：商务印书馆，2020
（自然观察丛书）
ISBN 978-7-100-17923-2

Ⅰ.①老… Ⅱ.①朱… ②黄… Ⅲ.①鼠科—普及读物 Ⅳ.①Q959.837-49

中国版本图书馆CIP数据核字（2019）第251269号

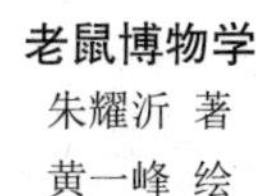

老鼠博物学
朱耀沂 著
黄一峰 绘

商 务 印 书 馆 出 版
（北京王府井大街36号 邮政编码100710）
商 务 印 书 馆 发 行
北京新华印刷有限公司印刷
ISBN 978-7-100-17923-2

2020年1月第1版　　开本 880×1230 1/32
2020年1月北京第1次印刷　　印张 7

定价：36.00元